民族文字出版专项资金资助项目

羚羚带你看科技（汉藏对照）

ལིན་ལིན་གྱིས་ཁྱོད་རང་སྣེ་ཁྲིད་ནས་ཚན་རྩལ་ལ་ལྟ་རུ་འགྲོ་བ།（རྒྱ་བོད་ཤན་སྦྱར）

卞曙光 主编

པན་ཧྲུའུ་ཀོང་གིས་གཙོ་སྒྲིག་བྱས།

建筑与水利

བཟོ་སྐྲུན་དང་ཆུ་བེད།

卞曙光 编著

པན་ཧྲུའུ་ཀོང་གིས་སྒྲིག་རྩོམ་བྱས།

索南扎西 译

བསོད་ནམས་བཀྲ་ཤིས་ཀྱིས་བསྒྱུར།

青海人民出版社

图书在版编目（CIP）数据

建筑与水利 ： 汉藏对照 / 卞曙光编著 ； 索南扎西译. -- 西宁 ： 青海人民出版社, 2023.10
（羚羚带你看科技 / 卞曙光主编）
ISBN 978-7-225-06548-9

Ⅰ. ①建… Ⅱ. ①卞… ②索… Ⅲ. ①建筑工程－青少年读物－汉、藏②水利工程－青少年读物－汉、藏
Ⅳ. ①TU-49②TV-49

中国国家版本馆CIP数据核字(2023)第126564号

总 策 划　王绍玉
执行策划　田梅秀
责任编辑　田梅秀　梁建强　索南卓玛　拉青卓玛
责任校对　马丽娟
责任印制　刘　倩　卡杰当周
绘　　图　安　宁　等
设　　计　王薯聿　郭廷欢

羚羚带你看科技
卞曙光　主编
建筑与水利（汉藏对照）
卞曙光　编著
索南扎西　译

出 版 人　樊原成
出版发行　青海人民出版社有限责任公司
西宁市五四西路 71 号　邮政编码：810023　电话：（0971）6143426（总编室）
发行热线　（0971）6143516/6137730
网　　址　http://www.qhrmcbs.com
印　　刷　青海雅丰彩色印刷有限责任公司
经　　销　新华书店
开　　本　880mm × 1230mm　1/16
印　　张　6.5
字　　数　100 千
版　　次　2023 年 10 月第 1 版　2023 年 10 月第 1 次印刷
书　　号　ISBN 978-7-225-06548-9
定　　价　39.80 元

《羚羚带你看科技》编辑委员会

目录

དཀར་ཆག

引　言
གླེང་གཞི།

穿梭在中国数不胜数的超级工程中，以自主创新为核心的建筑技术不断彰显着中国精度、中国速度、中国高度和中国长度。中国基建、超级工程，已经成为独属于中国的“时代名片”，令国人骄傲，让世界惊艳。然而，在“超级”二字的背后，凝聚的还是一个国家的科技实力和综合国力：有中国天眼之称的全球最大、最灵敏的500米口径球面射电望远镜，竟能探寻百亿光年之外的射电信号，其观测能力居全球之冠；北京正负电子对撞机为我国粒子物理和同步辐射应用开辟了广阔的前景，揭开了我国高能物理研究的新篇章；展翅飞翔的北京大兴国际机场，被英国《卫报》评选为世界七大奇迹之一；从中国古代礼器“樽”中汲取了灵感的北京第一高楼中国尊，是我国制造的超级工程中的又一个奇迹；被誉为“第四代体育馆”的鸟巢，已经成为代表国家形象的标志性建筑和奥运遗产，有着更加神圣而深邃的社会意义；世界上里程最长、沉管隧道最长、寿命最长、钢结构最大、施工难度最大、技术含量最高、科学专利最多的港珠澳跨海大桥，它的投入使用实现了让香港、澳门、珠海三地人期盼了35年的梦想；北京地铁8号线三期王府井段施工难度如同一台高精尖的“心脏搭桥手术”；

三峡工程在全球超级工程会议上被列为全球超级工程之一……这些举世瞩目的成就背后，无一不体现着中国集中力量办大事的新型“举国体制”的独有优势。机制、人才、金融，如同细密如织的神经网络和血管，不断滋养着中国的钢筋铁骨，中国独有的制度沃土，正汇聚起最持久、最深层的创新力量。

རང་རྒྱལ་གྱི་བགྲང་ལས་འདས་པའི་ཀྲུང་གོའི་རིམ་འདས་བཟོ་སྐྲུན་ལ་རྒྱུས་ལོན་བྱས་ན། རང་བདག་གསར་གཏོད་དཀྱིལ་སྙིང་ཡིན་པའི་བཟོ་སྐྲུན་ལག་རྩལ་གྱིས་ཀྲུང་གོའི་ཞིབ་ཚད་དང་ཀྲུང་གོའི་མྱུར་ཚད། ཀྲུང་གོའི་མཐོ་ཚད། ཀྲུང་གོའི་རིང་ཚད་སོགས་རྒྱུན་ཆད་མེད་པར་མངོན་ཡོད་ཅིང་། ཀྲུང་གོའི་རྫང་གཞིའི་འཛུགས་སྐྲུན་གྱི་འཕེལ་རྒྱས་དང་རིམ་འདས་བཟོ་སྐྲུན་ནི་ཀྲུང་གོ་གཅིག་པུར་གཏོགས་པའི“དུས་རབས་ཀྱི་མིང་བྱང་”ཞིག་ཏུ་གྱུར་ཡོད་པས། རྒྱལ་དམངས་རྣམས་ལ་སྤོབས་པ་དང་གཟི་བརྗིད་བསྐྱེད་ཅིང་འཛམ་གླིང་ལ་ངོ་མཚར་བསྐྲུན་ཡོད། ཡིན་ན་ཡང་། “རིམ་འདས”ཞེས་པའི་ཡིག་འབྲུ་གཉིས་ཀྱི་རྒྱབ་ལོགས་སུ་མངོན་པར་མཚོན་པ་ནི་རྒྱལ་ཁབ་ཅིག་གི་ཚན་རྩལ་སྟོབས་ཤུགས་དང་ཕྱོགས་བསྡུས་རྒྱལ་སྟོབས་ཡིན་ཏེ། དཔེར་ན། ཀྲུང་གོའི་འཇིག་རྟེན་མིག་ཅེས་འབོད་པའི་གོ་ལ་རྟེལ་པོའི་ཁ་ཚད་ཆེས་ཆེ་བ་དང་ཚོར་བ་སྐྱེན་ཤོས་ཀྱི་ཁ་ཚད་སྨི500ཡི་ཟླུམ་ངོས་གློག་འཕྲོའི་རྒྱང་ཤེལ་གྱིས་འོད་ལོ་ངོ་དུང་ཕྱུར་བརྒྱ་ལས་ལྷག་པའི་གློག་འཕྲོའི་བརྡ་རྟགས་འཚོལ་ཞིབ་བྱེད་ཐུབ་པ་དང་། དེའི་ལྟ་ཞིབ་ཚད་ལེན་ནུས་པ་འཛམ་གླིང་རྟེལ་པོའི་ཡང་རྩེར་སླེབས་ཡོད། པེ་ཅིན་གྱི་གློག་རྟུལ་ཕོ་མོ་གདོང་གཏུག་འཕྲུལ་ཆས་ཀྱིས་རང་རྒྱལ་གྱི་རིལ་རྟུལ་དངོས་ལུགས་དང་དུས་མཉམ་འགྱེད་འཕྲོ་བཀོལ་སྤྱོད་ལ་ཡངས་ཤིང་རྒྱ་ཆེ་བའི་མདུན་ལྗོངས་བསྐྲུན་པ་དང་།

རང་རྒྱལ་གྱི་ནུས་ཆེའི་དངོས་ལུགས་ཞིབ་འཇུག་གི་ལེ་ཚན་གསར་བ་ཞིག་ཕྱེ་ཡོད། གཞོག་ཟུང་བརྒྱངས་ནས་ནམ་འཕང་གཅོད་སའི་པེ་ཅིན་ཏ་ཞིན་རྒྱལ་སྤྱིའི་གནམ་ཐང་ནི་དབྱིན་ཇིའི《སྲུང་སྐྱོང་ཚགས་པར》གྱིས་འཛམ་གླིང་གི་ངོ་མཚར་ཆེན་པོ་བདུན་གྱི་གྲས་སུ་བདམས་ཡོད། ཀྲུང་གོའི་གནའ་རབས་ཀྱི་གྲུས་སྲོལ་སྟོད་ཆས"ཙུན"ཁྲིད་ནས་འཆར་སྣང་ཐོབ་པའི་པེ་ཅིན་གྱི་ཐོག་ཁང་མཐོ་ཤོས་དང་པོའི་ཀྲུང་གོའི་ཙུན་ནི་རང་རྒྱལ་གྱིས་བཟོས་པའི་རིམ་འདས་བཟོ་སྐྲུན་ཁྲིད་ཀྱི་ངོ་མཚར་གཞན་ཞིག་ཡིན། "མི་རབས་བཞི་པའི་ལུས་རྩལ་ར་བ"ཞེས་འབོད་པའི་བྱ་ཚང་ནི་རྒྱལ་ཁབ་ཀྱི་སྣང་བརྙན་མཚོན་པའི་མཚོན་རྟགས་རང་བཞིན་གྱི་བཟོ་སྐྲུན་དང་ཨོ་ལིན་ཕིག་ལུས་རྩལ་འགྲན་ཚོགས་ཀྱི་ཤུལ་བཞག་ཏུ་གྱུར་ཡོད་པས། ཟླ་ན་མེད་པ་དང་གཏིང་ཟབ་པའི་སྤྱི་ཚོགས་ཀྱི་དོན་སྙིང་ལྡན་ནོ། །འཛམ་གླིང་སྟེང་གི་ལམ་ཐག་ཆེས་རིང་བ་དང་ཕུག་ལམ་ཆེས་རིང་བ། སྤྱོད་ཡུན་ཆེས་རིང་བ། ངར་ལྕགས་ཀྱི་གྲུབ་ཆ་ཆེས་མང་བ། བཟོ་སྐྲུན་གྱི་དཀའ་ཚད་ཆེས་ཆེ་བ། ལག་རྩལ་འདུས་ཚད་ཆེས་མཐོ་བ། ཚན་རིག་ཆེད་ཁེ་ཆེས་མང་བ་བཅས་ཀྱི་ཀང་ཀྲུའུ་ཨའོ་མཚོ་བརྒྱལ་ཟམ་ཆེན་འདྲེན་གཏོང་བྱས་ཏེ་ཞང་ཀང་དང་ཨའོ་མོན། ཀྲུའུ་ཧའི་བཅས་ས་ཁུལ་གསུམ་གྱིས་ལོ་ངོ35ཡི་ཕྱུགས་འདུན་མངོན་འགྱུར་བྱུང་ཡོད། པེ་ཅིན་ས་འོག་ལྕགས་ལམ་གྱི་ལམ་ཐིག8པའི་དུས་ཐེངས་གསུམ་པའི་ཕྱང་ཧྲུ་ཅིན་མཚམས་ཚིགས་ཀྱི་བཟོ་སྐྲུན་དཀའ་ཁག་ནི་མཐོ་ཞིབ་རྩེར་སོན་གྱི"སྙིང་ཁམས་སྦྲིལ་ལམ་མཐུད་པའི་གཤགས་བཅོས"ཤིག་དང་མཚུངས། འབྲི་ཆུའི་འགག་གསུམ་བཟོ་སྐྲུན་ནི་གོ་ལ་ཧྲིལ་པོའི་རིམ་འདས་བཟོ་སྐྲུན་ཚོགས་འདུའི་སྟེང་དུ་གོ་ལ་ཧྲིལ་པོའི་རིམ་འདས་བཟོ་སྐྲུན་གྱི་གྲས་སུ་ཚུད་པ་སོགས་འཛམ་གླིང་སྐྱེ་བོ་ཀུན་གྱིས་ངོ་སྣང་བྱེད་པའི་གྲུབ་འབྲས་འདི་དག་གི་རྒྱབ་ངོས་སུ་ཀྲུང་གོའི་སྟོབས་ཤུགས་གཅིག་སྡུད་ཀྱིས་དོན་ཆེན་སྒྲུབ་པའི"རྒྱལ་ཡོངས་རང་བཞིན་གྱི་ལམ་ལུགས"གསར་བའི་ཐུན་མོང་མ་ཡིན་པའི་དགེ་མཚན་མངོན་ཞིང་། རྒྱུན་སྲོལ་དང་ཤེས་ལྡན་མི་སྣ། དངུལ་རྩ་བཅས་ནི་ཕྲ་ཞིང་ཞིབ་པའི་དབང་རྩའི་དྲ་རྒྱའམ་ཁྲག་རྩ་དང་འདྲ་བར་རྒྱུན་ཆད་མེད་པར་ཀྲུང་གོའི་ལྕགས་རྩིབས་ལྕགས་ཐུས་གསོ་སྐྱོང་བྱེད་བཞིན་ཡོད་པ་དང་། ཀྲུང་གོའི་ཐུན་མོང་མ་ཡིན་པའི་ལམ་ལུགས་ཀྱི་ས་རྒྱུ་གཤིན་པོས་ཆེས་རྒྱུན་རིང་དང་ཆེས་གཏིང་ཟབ་པའི་གསར་གཏོད་སྟོབས་ཤུགས་རྣམས་ཕྱོགས་གཅིག་ཏུ་སྒྲིལ་བཞིན་ཡོད་དོ། །

01 中国天眼
ཀྲུང་གོའི་འཛིག་རྟེན་མིག

全球最大且最灵敏的500米口径球面射电望远镜（Five-hundred-meter Aperture Spherical radio Telescope）英文简称是FAST天眼，在贵州省平塘县诞生啦！它借助天然圆形熔岩坑建造，反射镜边框是1500米长的环形钢梁，而钢索则依托钢梁，悬垂交错，呈现出球形网状结构。好家伙，它的反射面竟有30个足球场那么大，竟能探寻百亿光年之外的射电信号，其观测能力居全球之冠，是德国波恩100米望远镜的5倍，是美国阿雷西博300米望远镜的2.25倍。凭借全新的设计思路、得天独厚的地理位置以及突破了天文望远镜百米工程的极限等优势，自2020年1月开放运行以来，已发现了300余颗脉冲星，它就是被全世界关注的中国天眼。

中国天眼到底有些什么样的用途呢？告诉你吧，用途可多啦！对UFO迷们来说，它的用途至少包括寻找外星人，或者说，通过搜索可能的星际通信讯号来搜寻天外文明；对生物迷们来说，它可以探索太空生命的起源；对天文迷们来说，它的用途包括探测星际分子、探索宇宙的起源和演化、观测脉冲星，研究恒星的形成与演化、星系核心黑洞，以及宇宙大尺度物理学等。

གོ་ལ་རྒྱལ་པོའི་ཁ་ཚད་ཆེས་ཆེ་བ་དང་ཚོར་བ་སྐྱེན་ཤོས་ཀྱི་ཁ་ཚད་སྨི500ཡི་ཟླུམ་ངོས་སྒྲོག་འཕྲོའི་རྒྱང་ཤེལ(Five–hundred–meter Aperture Spherical radio Telescope)དབྱིན་ཡིག་གི་བསྡུས་མིངFASTའབོད་པའི་འཇིག་རྟེན་མིག་འདི་ཉིད་ཀུའེ་ཀྲོའུ་ཞིང་ཆེན་ཕིང་ཐང་རྫོང་དུ་བྱུང་ངོ་། ། འདི་ནི་རང་བྱུང་གི་སྐོར་དབྱིབས་བྲག་ཞུན་གོང་དོང་ལ་བརྟེན་ནས་བསྐྲུན་པ་དང་། ལྡོག་འཕྲོའི་མེ་ལོང་གི་མཐའ་སྐོར་ནི་རིང་ཚད་ལ་སྨི1500ཡོད་པའི་གདུབ་དབྱིབས་ཀྱི་ལྕགས་གདུང་ཡིན་ཞིང་། ལྕགས་ཐག་གིས་ལྕགས་གདུང་ལ་བརྟེན་ནས་དཔྱང་བ་དང་འཕྲང་སྟོལ་བྱས་ཏེ་ཟླུམ་གཟུགས་དྲ་དབྱིབས་ཀྱི་ཆགས་ཚུལ་མངོན། ངོ་མཚར་ཆེ་བ་ནི་དེའི་ལྡོག་འཕྲོའི་ངོས་རྐང་རྩེད་སྤོ་ལོའི་ར་བ་ཆེན་པོ30ལྷག་གི་ཆེ་ཆུང་ཡོད་པ་དང་། འོད་ལོ་ངོ་དུང་ཕྱུར་བརྒྱ་ལས་ལྷག་པའི་སྒྲོག་འཕྲོའི་བརྡ་རྟགས་འཚོལ་ཞིབ་བྱེད་ཐུབ་ལ། འདིའི་ལྟ་ཞིབ་ཚད་ལེན་ནུས་པ་གོ་ལ་རྒྱལ་པོའི་ཡང་རྩེར་སླེབས་ཡོད་ཅིང་། འཇར་མན་གྱི་པོ་ཨེན་སྨི100རྒྱང་ཤེལ་གྱི་ལྡབ5དང་ཨ་རིའི་ཨ་ལེ་ཞི་པོ་ཡི་སྨི300རྒྱང་ཤེལ་གྱི་ལྡབ2.25ཡིན། འཆར་འགོད་ཀྱི་བསམ་བློ་གསར་བ་དང་ཐུན་མོང་མ་ཡིན་པའི་ས་ཁམས་གནས་ཡུལ། དེ་བཞིན་གནམ་དཔྱད་རྒྱང་ཤེལ་གྱི་སྨི་བརྒྱའི་བཟོ་སྐྲུན་གྱི་མཐར་ཐུག་གི་ཚད་ལས་བརྒལ་བ་སོགས་གཞན་ན་མེད་པའི་དགེ་མཚན་ལ་བརྟེན་ཏེ། 2020ལོའི་ཟླ1པར་འཁོར་སྐྱོད་བྱས་པ་ནས་བཟུང་། རྩ་འཕར་རྒྱུ་སྐར300ལྷག་ཙམ་ཤེས་རྟོགས་བྱུང་བས། འཛམ་གླིང་ཡོངས་ཀྱིས་ངོ་ཁུར་བྱེད་པའི་ཀྲུང་གོའི་འཇིག་རྟེན་མིག་ཅེས་གྲགས་སོ། །

ཀྲུང་གོའི་འཇིག་རྟེན་མིག་ལ་སྤྱོད་སྒོ་གང་འདྲ་ཞིག་ཡོད་དམ་ཞེ་ན། གསལ་པོར་བཤད་ན་འདི་ལ་སྤྱོད་སྒོ་ཧ་ཅང་མང་པོ་ཡོད་དེ། UFOདགའ་མོས་ཡོད་མཁན་ཞིག་ལ་མཚོན་ན། འདིའི་སྤྱོད་སྒོ་ནི་མ་མཐར་ཡང་གོ་ལ་གཞན་པའི་མི་འཚོལ་བ་དང་། ཡང་ན་སྐར་མའི་བར་གྱི་འཕྲིན་སྐྱེལ་བརྡ་འཕྲིན་འཚོལ་ཞིབ་བྱས་པ་བརྒྱུད་ནས་ཕྱི་རོལ་གྱི་ཤེས་རིག་འཚོལ་བཤེར་བྱེད་པ་ཡིན། སྐྱེ་དངོས་ལ་དགའ་མོས་ཡོད་མཁན་རྣམས་ལ་མཚོན་ན། འདིས་བར་སྣང་གི་ཚེ་སྲོག་གི་འབྱུང་ཁུངས་འཚོལ་ཞིབ་བྱེད་ཐུབ། གནམ་དཔྱད་ལ་དགའ་མོས་ཡོད་མཁན་རྣམས་ལ་མཚོན་ན། འདིའི་སྤྱོད་སྒོ་ནི་སྐར་མའི་བར་གྱི་ཆ་རྡུལ་འཚོལ་ཞིབ་དང་། འཇིག་རྟེན་གྱི་འབྱུང་ཁུངས་དང་རིམ་འགྱུར་འཚོལ་ཞིབ། རྩ་འཕར་རྒྱུ་སྐར་ལ་ལྟ་ཞིབ་ཚད་ལེན། བརྟན་སྐར་གྱི་གྲུབ་ཚུལ་དང་རིམ་འགྱུར། སྐར་རྒྱུད་ཀྱི་ལྟེ་བའི་ནག་དོང་། དེ་བཞིན་འཇིག་རྟེན་གྱི་ཚད་གཞི་ཆེན་པོའི་དངོས་ལུགས་རིག་པ་སོགས་ལ་ཞིབ་འཇུག་བྱེད་པ་ཡིན་ནོ། །

02 中国载人航天发射场
ཀྲུང་གོའི་མི་བཞུགས་དབྱིངས་སྐྱོད་འཕེན་གཏོང་བྱ་ཡུལ།

从神舟一号到神舟十六号，我国的神舟飞船已经16次飞向太空，11次载人发射，共有18名航天员搭乘飞船飞上太空，为我国探索浩瀚宇宙、迈向航天强国迎来圆梦的新时代。助力空天强国，中国载人航天发射场功劳不小。

酒泉卫星发射中心又称“东风航天城”，是世界三大航天发射场之一。它是中国科学卫星、技术试验卫星和运载火箭的发射试验基地之一，是中国创建最早、规模最大的综合型导弹、卫星发射中心，也是中国目前唯一的载人航天发射场。酒泉发射中心于1958年开始建设，先后执行110次航天发射任务，成功将145颗卫星、16艘飞船、18名航天员送入太空。发射场主要由发射区、技术区、试验指导区、航天员区、首区测控站和试验协作区等几部分组成。载人航天发射场设施布局采用“强化技术区，简化发射区”的设计理念，自主创新中国式“三垂”测试发射工艺模式。发射区设计简单，建有脐带塔、导流槽、火箭推进剂加注系统等发射设施及其配套建筑，用来完成飞船、火箭等系统检查测试，加注火箭推进剂、航天员进舱、临射检查、瞄准和发射等工作。

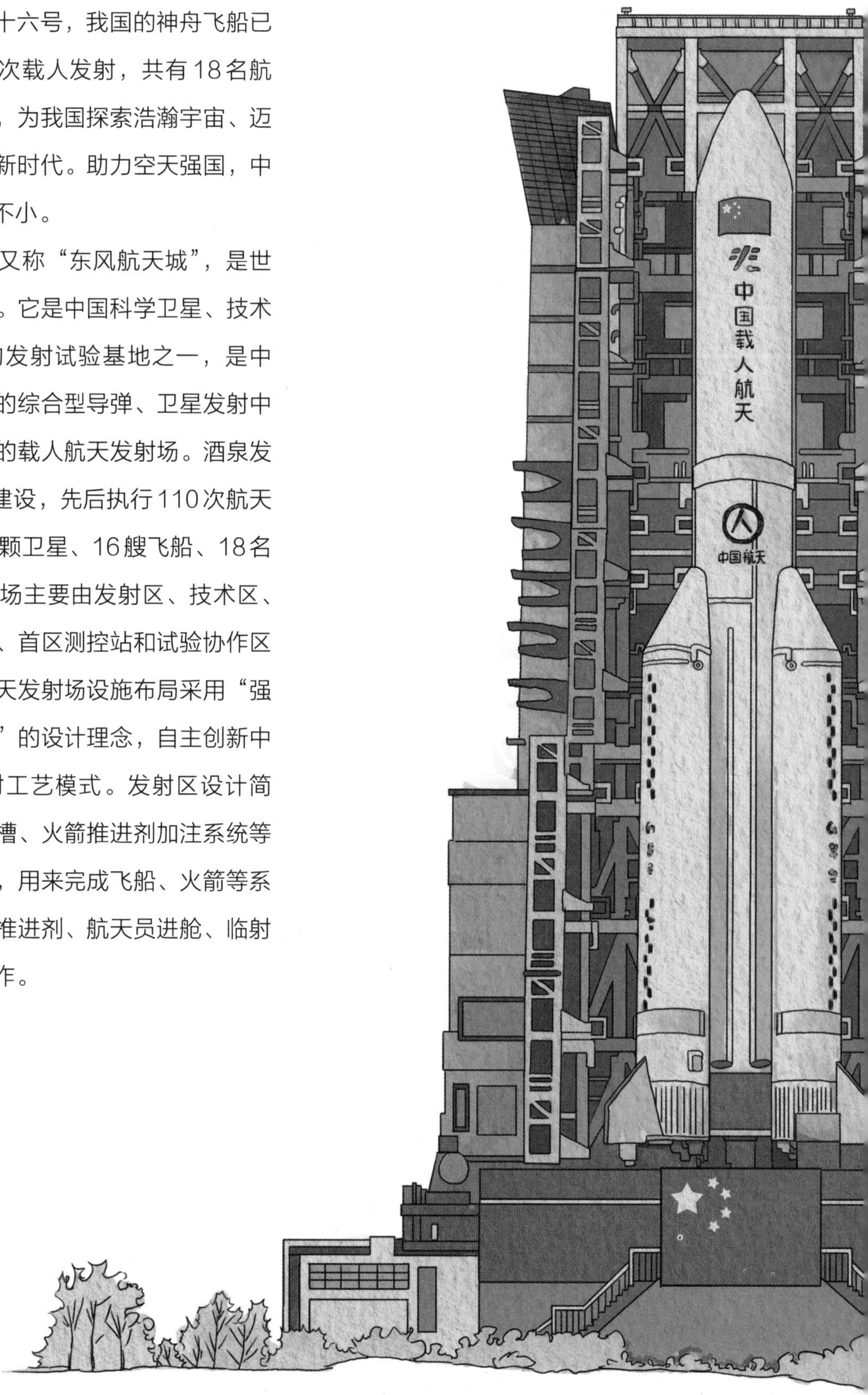

ཧྲིན་ཀྲིག་དང་པོ་ནས་ཧྲིན་ཀྲིག་བཅུ་དྲུག་གི་བར་དུ། རང་རྒྱལ་གྱི་ཧྲིན་ཀྲིག་འཕུར་གྲུ་ཐེངས16བར་སྣང་དུ་འཕུར་བ་དང་། ཐེངས11མི་བཞུགས་དབྱིངས་སྐྱོད། ཁྲིན་བསྡོམས་པས་དབྱིངས་སྐྱོད་པ18འཕུར་གྲུར་བསྐྱོད་ནས་བར་སྣང་ཁམས་སུ་སླེབས་པས། རང་རྒྱལ་གྱིས་ཡངས་ཤིང་རྒྱ་ཆེ་བའི་འཛིག་རྟེན་འཚོལ་ཞིབ་དང་དབྱིངས་སྐྱོད་རྒྱལ་ཁབ་སྟོབས་ལྡན་དུ་བསྐྱོད་པའི་ཕྱུགས་འདུན་མངོན་འགྱུར་བྱེད་པའི་དུས་རབས་གསར་བ་བསྒྲུས་པ་ཡིན། མཁའ་དབྱིངས་ཀྱི་སྟོབས་ལྡན་རྒྱལ་ཁབ་ལ་རོགས་འདེགས་བྱེད་པར་ཀྲུང་གོའི་མི་བཞུགས་དབྱིངས་སྐྱོད་འཕེན་གཏོང་བྱ་ཡུལ་གྱིས་བྱས་རྗེས་ཆེན་པོ་བཞག་ཡོད།

ཅིའུ་ཆོན་སྲུང་སྐར་འཕེན་གཏོང་ལྟེ་གནས་ལ"ཏུན་ཧྰུན་དབྱིངས་སྐྱོད་གྲོང་ཁྱེར"ཞེས་ཀྱང་འབོད་པ་དང་། འཛམ་གླིང་སྟེང་གི་དབྱིངས་སྐྱོད་འཕེན་གཏོང་བྱ་ཡུལ་ཆེན་པོ་གསུམ་གྱི་གྲས་ཤིག་ཡིན། དེ་ནི་ཀྲུང་གོའི་ཚན་རིག་སྲུང་སྐར་དང་ལག་རྩལ་ཚོད་ལྟའི་སྲུང་སྐར། སྐྱེལ་འདྲེན་མེ་ཤུགས་འཕུར་མདའ་བཅས་འཕེན་གཏོང་ཚོད་ལྟའི་རྟེན་གཞིའི་གྲས་ཀྱི་གཅིག་ཡིན་ལ། ཀྲུང་གོས་གསར་འཛུགས་དུས་ཡུན་ཆེས་སྔ་བ་དང་གཞི་ཁྱོན་ཆེས་ཆེ་བའི་ཕྱོགས་བསྡུས་རྣམ་པའི་འཕུར་མདེལ་དང་སྲུང་སྐར་འཕེན་གཏོང་ལྟེ་གནས་ཤིག་ཀྱང་ཡིན་པར་མ་ཟད། མིག་སྔར་ཀྲུང་གོའི་མི་བཞུགས་དབྱིངས་སྐྱོད་འཕེན་གཏོང་བྱ་ཡུལ་གཅིག་པུའང་ཡིན། ཅིའུ་ཆོན་འཕེན་གཏོང་ལྟེ་གནས་ནི1958ལོ་ནས་འཛུགས་སྐྲུན་བྱེད་མགོ་བརྩམས་པ་དང་། ད་རྗེས་སུ་དབྱིངས་སྐྱོད་ཐེངས110འཕེན་གཏོང་གི་ལས་འགན་བླངས་ཏེ། སྲུང་སྐར145དང་། འཕུར་གྲུ16 དབྱིངས་སྐྱོད་པ18བཅས་བར་སྣང་ཁམས་སུ་བསྐྱལ་བ་ཡིན། འཕེན་གཏོང་བྱ་ཡུལ་ནི་གཙོ་བོར་འཕེན་གཏོང་ཁུལ་དང་ལག་རྩལ་ཁུལ། ཚོད་ལྟའི་མཇུབ་ཁྲིད་ཁུལ། དབྱིངས་སྐྱོད་པའི་ཁུལ། ཁུལ་དང་པོའི་ཚད་ལེན་ཚོད་འཛིན་ས་ཚིགས། ཚོད་ལྟའི་མཉམ་ལས་ཁུལ་སོགས་དུ་མས་གྲུབ། མི་བཞུགས་དབྱིངས་སྐྱོད་འཕེན་གཏོང་བྱ་ཡུལ་གྱི་སྒྲིག་ཆས་བཀོད་སྒྲིག་གི་ཐད་ནས"ལག་རྩལ་ཁུལ་ལ་ཤུགས་སྟོན་རྒྱག་པ་དང་འཕེན་གཏོང་ཁུལ་སྐབས་བདེ་རུ་གཏོང་བ"འཆར་འགོད་འདུ་ཤེས་སྤྱད་དེ། རང་བདག་གསར་གཏོད་ཀྱི་ཀྲུང་གོའི་རྣམ་པའི"འཕྲུངས་གསུམ"གྱི་ཚད་ལེན་འཕེན་གཏོང་བཟོ་རྩལ་རྣམ་པ་མངོན་པར་མཚོན་ཡོད། འཕེན་གཏོང་ཁུལ་གྱི་འཆར་འགོད་སྐབས་བདེ་ཞིང་ལྟེ་ཐག་མཆོད་རྟེན་གཟུགས་དབྱིབས་དང་འདྲེན་རྒྱུག་ཤུར། མེ་ཤུགས་འཕུར་མདའི་སྐྱལ་འདེད་སྟོན་འཛུག་མ་ལག་སོགས་འཕེན་གཏོང་སྒྲིག་བཀོད་དང་དེའི་མ་ལག་ཚང་བའི་བཟོ་སྐྲུན་ཡོད་པས། འཕུར་གྲུ་དང་མེ་ཤུགས་འཕུར་མདའ་སོགས་མ་ལག་ཞིབ་བཤེར་ཚོད་ལྟ་ལེགས་གྲུབ་བྱེད་པ་དང་། མེ་ཤུགས་འཕུར་མདའི་སྐྱལ་འདེད་རྫས་དང་དབྱིངས་སྐྱོད་པ་གྲུ་ཁང་དུ་འཛུལ་བ། འཕེན་གཏོང་སྔོན་གྱི་ཞིབ་བཤེར་དང་བསྡིགས་ཁུང་སྒྲོད་པ། འཕེན་གཏོང་བཅས་ཀྱི་བྱ་བ་ལེགས་གྲུབ་བྱུང་དང་འབྱུང་བཞིན་ཡོད་དོ། །

03 最大口径大视场光学天文望远镜

ཁ་ཚད་ཆེས་ཆེའི་མཐོང་ར་ཆེན་པོའི་འོད་རིག་གནམ་རིག་རྒྱང་ཤེལ།

我国自主建成了全球口径最大的大视场光学天文望远镜，它就是中国国家重大科学工程——大天区面积多目标光纤光谱天文望远镜(英文简称LAMOST)。可以说，它是一个很神奇的存在，是一种崭新的望远镜类型，其口径大于6米，视场更是国外相近口径常规天文望远镜视场的5倍多。它的光学系统由反射改正镜、球面镜和焦面三个部分构成，突破了半个世纪以来天文望远镜大口径和大视场难以兼备的瓶颈，成为世界上光谱获取率最高的望远镜，使我国在大视场多目标光纤光谱观测方面处于国际领先地位。LAMOST于2009年6月在中国科学院国家天文台兴隆观测基地通过国家验收，2010年4月被冠名为“郭守敬望远镜”，2012年9月启动正式巡天。依托郭守敬望远镜的海量光谱数据，中科院国家天文台等单位的研究人员新发现了1417个致密星系，对宇宙起源、银河系结构、星系形成与演化、恒星形成与演化等诸多领域的研究意义重大。

大口径大视场光学天文望远镜创造了若干个首次，比如，首次控制镜面面形的精度高达头发丝的数千分之一；首次实现六角形的主动可变形镜；首次在一个光学系统中同时采用两块大口径的拼接镜面；首次应用4000根光纤的定位技术等。它使人类观测天体光谱的数目提高了一个数量级，达到千万量级，成为我国“国家重大科学工程项目”的又一个代表性成果。

རང་རྒྱལ་གྱིས་རང་བདག་སྒྲོས་གོ་ལ་རྩིལ་པོའི་ཁ་ཚད་ཆེས་ཆེའི་མཐོང་ར་ཆེན་པོའི་འོད་རིག་གནམ་རིག་རྒྱང་ཤེལ་གསར་སྐྲུན་བྱས་ཤིང་། དེ་ནི་ཀྲུང་གོའི་རྒྱལ་ཁབ་ཀྱི་ཚན་རིག་བཟོ་སྐྲུན་གལ་ཆེན་ཏེ་ཏ་ཐེན་ཁྲུལ་རྒྱ་ཁྱོན་གྱི་དམིགས་འབེན་མང་བའི་འོད་ཚོན་འོད་ཤལ་གནམ་རིག་རྒྱང་ཤེལ(དབྱིན་ཡིག་གི་བསྡུས་མིངLAMOST)ཡིན། དེ་ནི་ངོ་མཚར་ཆེ་བ་ཞིག་སྟེ། རྒྱང་ཤེལ་གྱི་རིགས་སྣ་གསར་བ་ཞིག་ཡིན་ཞིང་། ཁ་ཚད་སྨི6ལས་ཆེ་བ་དང་མཐོང་ར་ནི་ཕྱི་རྒྱལ་གྱི་རིགས་གཅིག་ཁ་ཚད་ཀྱི་རྒྱུན་སྲོལ་གནམ་རིག་རྒྱང་ཤེལ་མཐོང་རའི་ལྔབ5ཡིན། དེའི་འོད་རིག་པའི་མ་ལག་ནི་ལྡོག་འཁྲོ་བསྒྱུར་ཏེ་དངོས་ཤེལ་དང་ཀླུམ་ངོས་ཤེལ། ཅོར་ངོས་བཅས་ཁག་གསུམ་གྱིས་གྲུབ་པ་དང་། དུས་རབས་ཕྱེད་ཀའི་རིང་གི་གནམ་རིག་རྒྱང་ཤེལ་གྱི་ཁ་ཚད་ཆེ་བ་དང་མཐོང་ར་ཆེན་པོ་གཉིས་ལྡན་གྱི་འགག་སྒྲོལ་ལས་བརྒལ་ཏེ། འཛམ་གླིང་སྟེང་གི་འོད་ཤལ་ལེན་ཚད་ཆེས་མཐོ་བའི་རྒྱང་ཤེལ་དུ་གྱུར་ཡོད་པས། རང་རྒྱལ་གྱི་མཐོང་ར་ཆེན་པོའི་དམིགས་འབེན་མང་པོའི་འོད་ཚོན་འོད་ཤལ་ལྟ་དཔྱད་ཚད་འཇལ་ཕྱོགས་ནས་རྒྱལ་སྤྱིའི་སྔོན་ཐོན་གྱི་གོ་གནས་ཟིན་ཡོད། LAMOSTནི2009ལོའི་ཟླ6པར་ཀྲུང་གོའི་ཚན་རིག་ཁང་རྒྱལ་ཁབ་གནམ་རིག་ཁང་ཞིན་ལུང་ལྟ་ཞིབ་ཚད་ལེན་རྟེན་གཞི་ནས་རྒྱལ་ཁབ་ཀྱིས་ཞིབ་བཤེར་རྗེས་ལེན་བྱས་པ་བརྒྱུད་དེ། 2010ལོའི་ཟླ4པར"ཀུའོ་ཧྲོའུ་ཅིན་རྒྱང་ཤེལ"ཞེས་མིང་བཏགས་པ་དང་། 2012ལོའི་ཟླ9པར་དངོས་སུ་གནམ་སྐོར་བྱེད་མགོ་བརྩམས་པ་ཡིན། ཀུའོ་ཧྲོའུ་ཅིན་རྒྱང་ཤེལ་གྱི་བཞེས་ཡངས་འོད་ཤལ་གྲངས་གཞིར་བརྟེན་ཏེ། ཀྲུང་གོ་ཚན་རིག་ཁང་རྒྱལ་ཁབ་གནམ་རིག་ལས་ཁུངས་སོགས་ཀྱི་ཞིབ་འཇུག་མི་སྣས་ཚགས་དམ་པོའི་སྐར་རྒྱུད1417གསར་དུ་རྙེད་པས། འཛིག་རྟེན་གྱི་འབྱུང་ཁུངས་དང་དགུ་ཚིགས་ཁྱིམ་རྒྱུད་ཀྱི་གྲུབ་ཚུལ། སྐར་མའི་མ་ལག་གྲུབ་ཚུལ་དང་རིམ་འགྱུར། བརྟན་སྐར་གྲུབ་ཚུལ་དང་རིམ་འགྱུར་སོགས་ཁྱབ་ཁོངས་མང་པོར་ཞིབ་འཇུག་བྱེད་པར་དོན་སྙིང་གལ་ཆེན་ལྡན་ནོ། །

ཁ་ཚད་ཆེ་བའི་མཐོང་ར་ཆེན་པོའི་འོད་རིག་གནམ་རིག་རྒྱང་ཤེལ་གྱིས་ཐོག་མ་མང་པོ་བསྐྲུན་ཡོད་དེ། དཔེར་ན། ཐོག་མར་མེ་ལོང་ངོས་དབྱིབས་ཀྱི་ཞིབ་ཚད་ནི་སྐྲ་སྐྱུད་ཀྱི་སྟོང་ཆའི་གཅིག་ལ་ཚོད་འཛིན་བྱས་པ་དང་། ཐོག་མར་ཟུར་དྲུག་གི་རང་འགྱུལ་གཟུགས་འགྱུར་ཚོག་པའི་མེ་ལོང་མངོན་འགྱུར་བྱུང་བ། ཐོག་མར་འོད་རིག་མ་ལག་གཅིག་གི་ཁྲོད་དུ་ཁ་ཚད་ཆེན་པོ་གཉིས་ཀྱི་མཐུད་ཤེལ་ཐོག་མར་མཉམ་སྦྱོད་བྱས་པ། ཐོག་མར་འོད་ཚོན་ཀྲང4000ཡི་ངེས་གནས་ལག་རྩལ་སྤྱད་པ་སོགས་ལྟ་བུ། དེས་མིའི་རིགས་ཀྱིས་སྐར་མའི་གོ་ལའི་འོད་ཤལ་ལྟ་དཔྱད་ཚད་འཇལ་གྱི་གྲངས་འབོར་རིམ་པ་ཞིག་གི་ཇེ་མཐོར་བཏང་ནས་གྲངས་འབོར་བྱེ་བ་རིམ་པར་སླེབས་པས། རང་རྒྱལ་གྱི"རྒྱལ་ཁབ་ཀྱི་ཚན་རིག་བཟོ་སྐྲུན་རྣམ་གྲངས་གལ་ཆེན"གྱི་ཚབ་མཚོན་རང་བཞིན་གྱི་གྲུབ་འབྲས་ཤིག་ཏུ་གྱུར་ཡོད།

04 北京正负电子对撞机
པེ་ཅིན་གློག་རྡུལ་ཕོ་མོའི་གདོང་གཏུག་འཕྲུལ་ཆས།

北京正负电子对撞机于1988年成功实现正负电子对撞，成为继原子弹、氢弹爆炸成功和人造卫星上天之后，我国在高科技领域的又一重大突破。它的建成和对撞成功，为我国粒子物理和同步辐射应用开辟了广阔的前景，揭开了我国高能物理研究的新篇章。2008年，北京正负电子对撞机的重大改造工程圆满结束，成功对撞，性能提高了三十多倍，也是全球同一能量区域中其他加速器曾创下的世界纪录的四倍多，成为世界八大高能加速器中心之一。

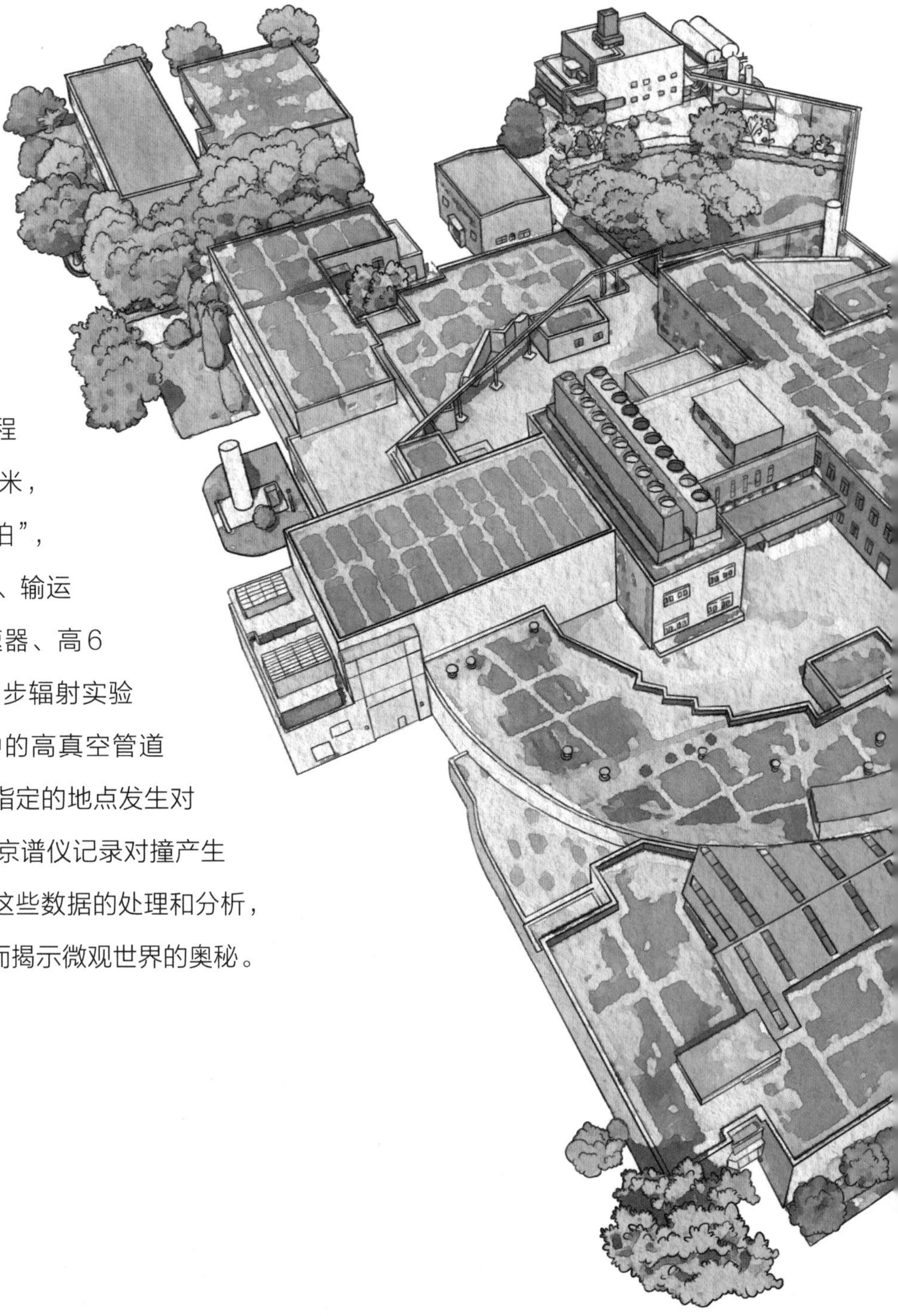

北京正负电子对撞机工程建筑总面积达57500平方米，形似一个巨大的“羽毛球拍”，包括长202米的直线加速器、输运线、周长240米的圆形加速器、高6米重500吨的北京谱仪和同步辐射实验装置等。正、负电子在其中的高真空管道内被加速到接近光速，并在指定的地点发生对撞，通过大型探测器——北京谱仪记录对撞产生的粒子特征。科学家通过对这些数据的处理和分析，进一步认识粒子的性质，从而揭示微观世界的奥秘。

པེ་ཅིན་གློག་རྟུལ་ཕོ་མོའི་གདོང་གདུག་འཕྲུལ་ཆས་ནི1988ལོར་གློག་རྟུལ་ཕོ་མོའི་གདོང་གདུག་ལེགས་གྲུབ་མངོན་འགྱུར་བྱུང་ཞིང་། དེ་ནི་རྟུལ་ཕྲན་འབར་མདེལ་དང་ཆིང་འབར་མདེལ་འབར་གས་ལེགས་གྲུབ་བྱུང་བ་དང་། མིས་བཟོས་འཁོར་སྐར་གནམ་ལ་འཕུར་བ་བཅས་ཀྱི་རྗེས་སུ་རང་རྒྱལ་གྱི་ཚན་རྩལ་མཐོ་བའི་ཁྱབ་ཁོངས་ཀྱི་ཚད་བརྒལ་གལ་ཆེན་ཞིག་ཏུ་གྱུར་ཡོད། འདི་བསྐྲུན་པ་དང་གདོང་གདུག་ལེགས་གྲུབ་བྱུང་བས་རང་རྒྱལ་གྱི་རིལ་རྟུལ་དངོས་ལུགས་དང་དུས་མཉམ་འགྱིད་འཕྲོའི་བཀོལ་སྤྱོད་བྱེད་པར་ཡངས་ཤིང་རྒྱ་ཆེ་བའི་མདུན་ལྗོངས་ཕྱེས་པ་དང་། རང་རྒྱལ་གྱི་ནུས་ཆེའི་དངོས་ལུགས་ཞིབ་འཇུག་གི་ལེ་ཚན་གསར་བ་ཞིག་ཀྱང་ཕྱེས་ཡོད། 2008ལོར། པེ་ཅིན་གློག་རྟུལ་ཕོ་མོའི་གདོང་གདུག་འཕྲུལ་ཆས་ཀྱི་བསྒྱུར་བཀོད་བཟོ་སྐྲུན་གལ་ཆེན་ཡོངས་སུ་མཇུག་སྒྲིལ་པ་དང་གདོང་གདུག་ལེགས་གྲུབ་བྱུང་བས། ནུས་པ་ལྡན་སུམ་ཅུ་ལྷག་གི་ཇེ་མཐོར་སོང་ཡོད་ལ། གོ་ལ་ཧྲིལ་པོའི་ནུས་ཚད་ས་ཁོངས་གཅིག་མཚུངས་ནང་གི་འགྲོས་སྟོན་ཆས་གཞན་དག་གིས་གསར་གཏོད་བྱས་པའི་འཛམ་གླིང་ཐེན་ཐོ་ལས་ལྡན་བཞི་ལྷག་བརྒལ་བས། འཛམ་གླིང་གི་ནུས་ཆེའི་འགྲོས་སྟོན་ཆས་ལྟེ་གནས་ཆེན་པོ་བརྒྱད་ཀྱི་གྲས་སུ་ཚུད་ཡོད།

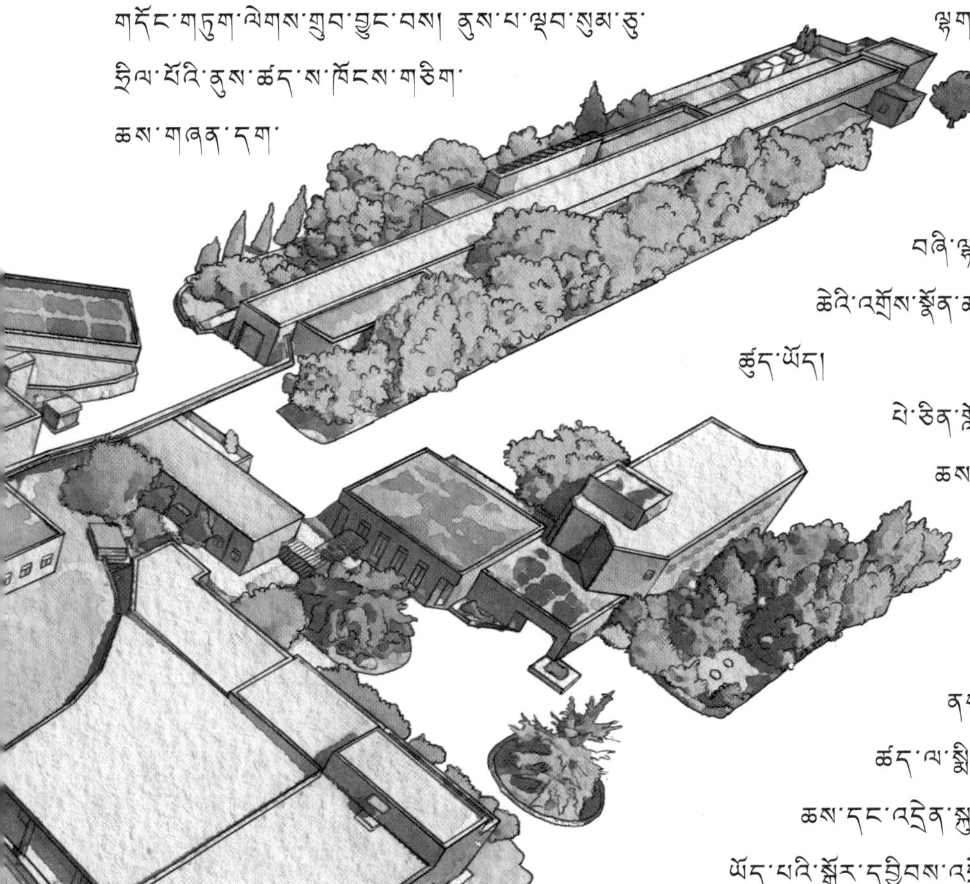

པེ་ཅིན་གློག་རྟུལ་ཕོ་མོའི་གདོང་གདུག་འཕྲུལ་ཆས་བཟོ་སྐྲུན་འཛུགས་སྐྲུན་གྱི་སྤྱིའི་རྒྱ་ཁྱོན་ལ་སྨི་ངོས་གྲུ57500ཟིན་པ་དང་། དབྱིབས་གཟུགས་ནི“སྒྲོ་ལྷང་གི་གྲུག་རྗེག”དང་ཀུན་ནས་མཚུངས་ཤིང་། དེའི་ནང་དུ་རིང་ཚད་ལ་སྨི202ཡོད་པའི་དྲང་ཐིག་འགྲོས་སྟོན་ཆས་དང་འདྲེན་སྐྱུད། མཐའ་འཁོར་རིང་ཚད་ལ་སྨི240ཡོད་པའི་སྒོར་དབྱིབས་འགྲོས་སྟོན་ཆས། མཐོ་ཚད་ལ་སྨི6དང་ཞེང་ཚད་ལ་ཏུན500ཡོད་པའི་པེ་ཅིན་ཤལ་དཔྱད་ཆས་དང་དུས་མཉམ་འགྱིད་འཕྲོའི་ཆོད་ལྟའི་སྒྲིག་ཆས་སོགས་ཡོད། གློག་རྟུལ་ཕོ་མོ་ནི་དེའི་ནང་གི་སྟོང་སངས་མཐོ་བའི་སྦུག་ལམ་ནང་ནས་འོད་ཀྱི་མྱུར་ཚད་དང་འདྲ་བར་རྗེ་མགྱོགས་སུ་གཏོང་བར་མ་ཟད། གཏན་ཁེལ་བྱས་པའི་ས་ཆ་ནས་གདོང་གདུག་བྱེད་ཐུབ། འཚོལ་ཞིབ་ཡོ་བྱད་ཆེ་གྲས་ཏེ་པེ་ཅིན་ཤལ་དཔྱད་ཆས་ཀྱིས་གདོང་གདུག་བརྒྱུད་དེ་རིལ་རྟུལ་གྱི་ཁྱད་ཆོས་ཟིན་འགོད་བྱེད་པ་ཡིན། ཚན་རིག་པས་གཞི་གྲངས་འདི་དག་ཐག་གཅོད་དང་དབྱེ་ཞིབ་བྱས་པ་བརྒྱུད་དེ་རིལ་རྟུལ་གྱི་ངོ་བོར་སྔར་ལས་གསལ་བར་ངོས་འཛིན་བྱས་ཏེ། ཕྲ་མཐོང་འཇིག་རྟེན་གྱི་གསང་བ་གསལ་སྟོན་བྱེད་པ་ཡིན་ནོ། །

05 北京大兴机场
པེ་ཅིན་ད་ཞིན་གནམ་གྲུ་ཐང་།

俯瞰北京大兴国际机场，它犹如一只展翅飞翔的凤凰，黄灿灿的机场服务楼耀眼霸气，造型别致，线条优美，满满的科幻风让人恍若置身星际。2016年，它被英国《卫报》评选为世界七大奇迹之一。

北京大兴国际机场按照2025年旅客吞吐量7200万人次、货邮吞吐量200万吨、飞机起降62万架次的目标设计，目前拥有“三纵一横”4条跑道、143万平方米航站楼综合体以及相应的配套设施。远期规划年旅客吞吐量1亿人次以上，年货邮吞吐量400万吨，飞机起降88万架次。大家可能想不到，这座超魔幻的机场共有93个项目，完工项目一次验收合格率均达100%。它是世界上最大的结构缝一体化、减隔震建筑，是世界上单体机场航站楼的规模之最，是全球首次实现“双进双出”、高铁底下穿行的建筑，其施工技术难度也是世界之最。建成如此巨大的工程却只用了短短四年时间，简直是一个奇迹。北京大兴国际机场建成投入，又一次展现了我国超常的基建实力。

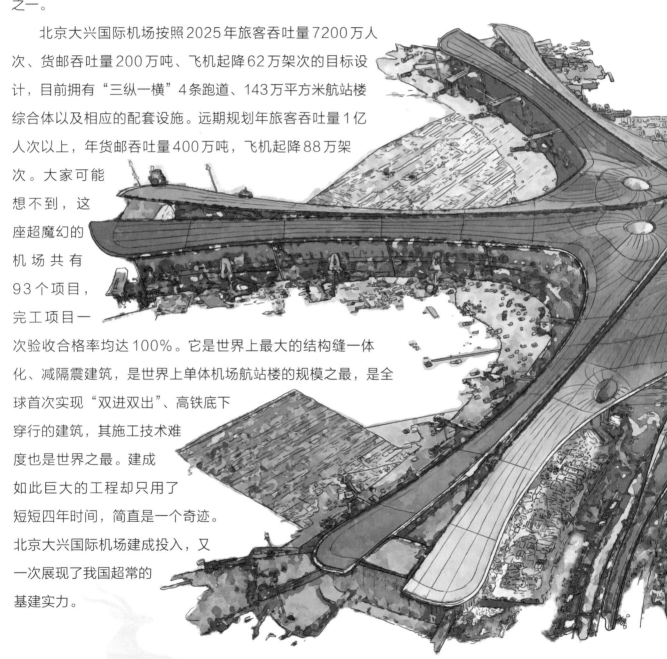

པེ་ཅིན་ཏ་ཞིན་རྒྱལ་སྤྱིའི་གནམ་གྲུ་ཐང་ལ་ཐུར་ལྟ་བྱས་ན། དེ་ནི་གཤོག་པ་བརྐྱངས་ནས་འཕུར་བཞིན་པའི་ཕྱུང་ཆེན་ཞིག་དང་མཚུངས་པར། སེར་ཐིང་ཐིང་གི་གནམ་ཐང་གི་ཞབས་ཞུའི་ཐོག་ཁང་ནི་མིག་དབང་འཕྲོག་པ་དང་བཟོ་དབྱིབས་མཛེས་པ། ཐིག་རིས་མཛེས་པ། ཚན་རྩལ་སྣང་བརྙན་གྱི་ཁྱིམས་པས་མི་རྣམས་སྐར་མའི་བར་མཚམས་སུ་ལྷུང་བ་དང་ཀུན་ནས་མཚུངས། 2016ལོར་དེ་ནི་དབྱིན་ཇིའི《སྲུང་སྐྱོང་ཚགས་པར》གྱིས་འཛམ་གླིང་གི་ངོ་མཚར་ཆེན་པོ་བདུན་གྱི་གྲས་སུ་བདམས་ཐོན་བྱུང་།

པེ་ཅིན་ཏ་ཞིན་རྒྱལ་སྤྱིའི་གནམ་གྲུ་ཐང་གིས2025ལོར་འགྲུལ་པ་སྐྱེལ་འདྲེན་བྱེད་ཚད་མི་ཐེངས་ཁྲི7200དང་དངོས་ཟོག་སྐྱེལ་འདྲེན་བྱེད་ཚད་ཏུན་ཁྲི200 གནམ་གྲུ་འཕུར་འབབ་ཐེངས་གྲངས་ཁྲི62འདྲེན་གཏོང་གི་དམིགས་ཚད་ལྟར་འཆར་འགོད་བྱས་པ་དང་། མིག་སྔར"གཞུང་གསུམ་འཁྲིད་གཅིག"གི་རྒྱུག་ལམ་བཞི་དང་སྨི་ངོས་གྲུ་ཁྲི143གནམ་གྲུའི་ཐོག་ཁང་གི་ཕྱོགས་བསྡུས་ཁང་དང་དེར་མཐུན་གྱི་མ་ལག་ཚང་བའི་སྒྲིག་བཀོད་ལེགས་གྲུབ་བྱུང་ཡོད། ཡུན་རིང་འཆར་འགོད་ནི་ལོ་རེའི་འགྲུལ་པ་སྐྱེལ་འདྲེན་བྱེད་ཚད་མི་ཐེངས་དུང་ཕྱུར་གཅིག་ཡན་ཟིན་པ་དང་། ལོ་རེའི་དངོས་ཟོག་སྐྱེལ་འདྲེན་བྱེད་ཚད་ཏུན་ཁྲི400ཟིན་པ། གནམ་གྲུ་འཕུར་འབབ་ཐེངས་གྲངས་ཁྲི88དམིགས་ཚད་ཡིན། ཚང་མའི་བསམ་ཡུལ་ལས་འདས་པ་ཞིག་ལ། གནམ་གྲུ་ཐང་འདིར་རྣམ་གྲངས93ཡོད་པ་དང་ལེགས་གྲུབ་བྱུང་བའི་རྣམ་གྲངས་ཀྱི་ཞིབ་བཤེར་རྩིས་ལེན་ཐེངས་གཅིག་གི་ཚད་ལོན་ཚད100%ཟིན། འདི་ནི་འཛམ་གླིང་སྟེང་གི་གྲུབ་ཆ་གཞི་གཅིག་ཅན་དང་ས་ཡོམ་གནོད་པ་ཇེ་ཆུང་དུ་གཏོང་བའི་འཛུགས་སྐྲུན་ཆེས་ཆེ་ཤོས་ཡིན་པ་དང་། འཛམ་གླིང་སྟེང་གི་གནམ་གྲུ་ཐང་རྒྱང་པའི་གནམ་ཐང་འབབ་ཚུགས་ཀྱི་གཞི་ཁྱོན་ཆེས་ཆེ་ཤོས་ཡིན་པར་མ་ཟད། གོ་ལ་ཧྲིལ་པོའི"གཉིས་འཛུལ་གཉིས་ཐོན"དང་མྱུར་བགྲོད་ལྕགས་ལམ་གྱི་འོག་ཏུ་བསྐྱོད་པའི་འཛུགས་སྐྲུན་ཐོག་མ་མངོན་འགྱུར་བྱས་པ་དང་དེའི་བཟོ་སྐྲུན་ལག་རྩལ་གྱི་དཀའ་ཚད་ཀྱང་འཛམ་གླིང་སྟེང་གི་ཆེས་ཆེ་ཤོས་ཡིན། བཟོ་སྐྲུན་ཆེན་པོ་འདི་ཉིད་དུས་ཡུན་ཐུང་ངུ་ལོ་ངོ་བཞིའི་དུས་ཚོད་ལས་སྤྱད་མེད་པས་ངོ་མཚར་དགོས་པ་ཞིག་ཡིན། པེ་ཅིན་ཏ་ཞིན་རྒྱལ་སྤྱིའི་གནམ་གྲུ་ཐང་ལེགས་གྲུབ་བྱུང་ནས་འཕུར་འདྲེན་བྱུང་བས། རང་རྒྱལ་གྱི་རྒྱུན་ལྡན་ལས་བརྒལ་བའི་རྨང་གཞིའི་འཛུགས་སྐྲུན་གྱི་སྟོབས་ཤུགས་མངོན་པར་མཚོན་པ་ཞིག་ཀྱང་ཡིན་ནོ། །

06 上海中心大厦
ཧྲང་ཧའེ་ལྟེ་གནས་ཐོག་ཁང་ཆེན་མོ།

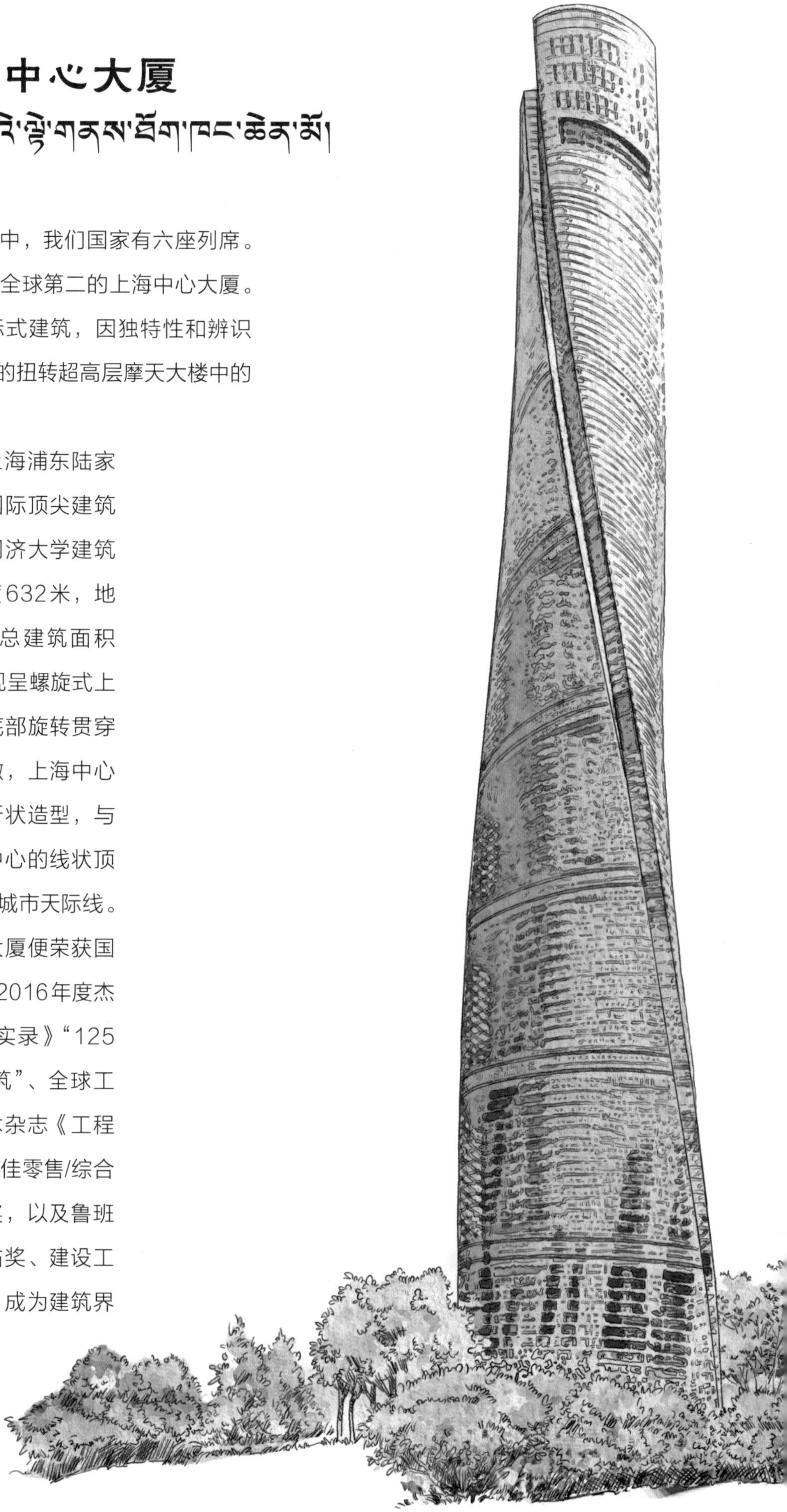

在全球十大摩天大楼中，我们国家有六座列席。让我们刮目相看的，当属全球第二的上海中心大厦。这座我国的巨型高层地标式建筑，因独特性和辨识度，成为世界上屈指可数的扭转超高层摩天大楼中的璀璨明星。

上海中心大厦位于上海浦东陆家嘴金融贸易核心区，由国际顶尖建筑设计事务所Gensler和同济大学建筑设计院设计。建筑总高度632米，地上127层，地下5层，总建筑面积57.8万平方米。建筑外观呈螺旋式上升，建筑表面的开口由底部旋转贯穿至顶部。从天空向下俯瞰，上海中心大厦非对称的顶部呈卷折状造型，与金茂的点状和环球金融中心的线状顶部遥相辉映，成为上海的城市天际线。自建成以来，上海中心大厦便荣获国际桥梁与结构工程协会“2016年度杰出结构奖”、美国《建筑实录》“125年来最重要的125座建筑”、全球工程建设领域最权威的学术杂志《工程新闻记录》“2016全球最佳零售/综合体项目”等多个国际大奖，以及鲁班奖、中国土木工程詹天佑奖、建设工程白玉兰奖等国内大奖，成为建筑界的“网红”。

འཛམ་གླིང་ཡོངས་ཀྱི་མཁར་ཟླུག་ཐོག་ཁང་ཆེན་མོ་བཅུའི་ཁྲོད་དུ་རང་རྒྱལ་གྱི་དྲུག་དེའི་ནང་དུ་ཚུད་ཡོད། དེ་དག་ལས་ང་ཚོས་ལྷ་སྣངས་གསར་བ་འཛིན་དགོས་པ་ནི་འཛམ་གླིང་ཧྲིལ་པོའི་ཨང་གཉིས་པར་ཟིན་པའི་ཧྲང་ཧའི་ལྟེ་གནས་ཐོག་ཁང་ཆེན་མོ་ཡིན། རང་རྒྱལ་གྱི་ཐོག་བརྩེགས་མཐོན་པོ་ས་མཚོན་རྣམ་པའི་འཛུགས་སྐྲུན་ཆེན་པོ་འདི་ཡི་ཁྱད་ཆོས་དང་དབྱེ་འབྱེད་ཚད་ཀུན་ལས་མངོན་པར་འཕགས་པས། འཛམ་གླིང་སྟེང་གི་མཛུབ་རྩིས་རྒྱག་ཐུབ་ཅིང་ཕྱིར་འཕོར་ཐུབ་པའི་མཁར་ཟླུག་ཐོག་ཁང་ཆེན་མོའི་ཁྲོད་ཀྱི་འོད་མདངས་འཚེར་བའི་འཛུགས་སྐྲུན་གྲགས་ཅན་ཞིག་ཡིན།

ཧྲང་ཧའི་ལྟེ་གནས་ཐོག་ཁང་ཆེན་མོ་ནི་ཧྲང་ཧའི་ཕུའུ་ཏུང་ལུའུ་ཅ་ཙུའི་དངུལ་རྩའི་ཚོང་དོན་ལྟེ་བའི་ཁུལ་དུ་གནས། དེ་ནི་རྒྱལ་སྤྱིའི་རྩེར་སོན་འཛུགས་སྐྲུན་འཆར་འགོད་ལས་དོན་ཁངGenslerདང་ཐུན་ཅི་སློབ་ཆེན་འཛུགས་སྐྲུན་འཆར་འགོད་ཁང་གིས་འཆར་འགོད་བྱས་པ་ཡིན། འཛུགས་སྐྲུན་གྱི་སྤྱིའི་མཐོ་ཚད་ལ་སྨི632ཡོད་ཅིང་། ས་ངོས་སུ་ཐོག་བརྩེགས་རིམ་པ127དང་ས་འོག་ཏུ་ཐོག་བརྩེགས་རིམ་པ5བཅས་ཡོད་ལ། སྤྱིའི་འཛུགས་སྐྲུན་རྒྱ་ཁྱོན་སྨི་ངོས་གྲུ་ཁྲི57.8ཡིན། འཛུགས་སྐྲུན་གྱི་ཕྱི་ཚུལ་ནི་འཁྱིལ་འཁོར་ཅན་ཡར་འཕགས་པ་དང་། འཛུགས་སྐྲུན་ཕྱི་ངོས་ཀྱི་ཁ་འབྱེད་ནི་མཐིལ་ནས་འཁོར་སྐྱོད་བྱས་ཏེ་རྩེ་མོའི་བར་དུ་སྲིལ་ཡོད། མཁའ་དབྱིངས་ནས་མར་བལྟས་ན། ཧྲང་ཧའི་ལྟེ་གནས་ཐོག་ཁང་ཆེན་མོའི་ཆ་འགྲིག་མིན་པའི་རྩེ་མོར་ལྟེབ་དབྱིབས་ཀྱི་བཟོ་དབྱིབས་མངོན་པ་དང་། ཅིན་མའོ་བཟོ་སྐྲུན་གྱི་ཚོག་དབྱིབས་དང་ཧོན་ཆིའུ་དངུལ་རྩའི་ལྟེ་གནས་ཀྱི་སྐྱུད་དབྱིབས་ཀྱི་རྩེ་མོ་དང་ཕན་ཚུན་གཅིག་འབྲེལ་གཅིག་འཛོམས་སུ་མངོན་པས། ཧྲང་ཧའི་ཡི་གྲོང་ཁྱེར་གནམ་གྱི་མུ་མཐའ་འབྲེལ་ཐིག་ཅིག་ཏུ་གྱུར་ཡོད། འདི་ཉིད་འཛུགས་སྐྲུན་ལེགས་གྲུབ་བྱུང་བ་ནས་བཟུང་སྟེ། དེ་ལ་རྒྱལ་སྤྱིའི་ཟམ་པ་དང་སྒྲིག་གཞིའི་བཟོ་སྐྲུན་མཐུན་ཚོགས་ཀྱི"2016ལོ་འཁོར་གྱི་ཕུལ་བྱུང་སྒྲིག་གཞིའི་བྱ་དགའ"དང་ཨ་རིའི《འཛུགས་སྐྲུན་དངོས་པོ》ཡི"ལོ་ངོ125རིང་གི་འཛུགས་སྐྲུན་གལ་ཆེ་ཤོས125"འཛམ་གླིང་ཧྲིལ་པོའི་བཟོ་སྐྲུན་འཛུགས་སྐྲུན་ཁྱབ་ཁོངས་ཀྱི་དབང་གྲགས་ཆེ་ཤོས་ཀྱི་རིག་གཞུང་དུས་དེབ《བཟོ་སྐྲུན་གྱི་གསར་འགྱུར་ཟིན་ཐོ》ཡི"2016ལོའི་གོ་ལ་ཧྲིལ་པོའི་སིལ་ཚོང་དང་ཕྱོགས་བསྡུས་རང་བཞིན་ཡག་ཤོས་ཀྱི་རྣམ་གྲངས"སོགས་རྒྱལ་སྤྱིའི་བྱ་དགའ་ཆེན་པོ་མང་པོ་ཐོབ་པ་དང་། དེ་བཞིན་ལུའུ་པན་བྱ་དགའ་དང་ཀྲུང་གོའི་ས་ཞིང་བཟོ་སྐྲུན་གྱི་ཀྲན་ཐེན་ཡིའུ་བྱ་དགའ། འཛུགས་སྐྲུན་བཟོ་སྐྲུན་པའི་ཡུས་ལན་བྱ་དགའ་སོགས་རྒྱལ་ནང་གི་བྱ་དགའ་ཆེན་པོ་ཐོབ་སྟེ། འཛུགས་སྐྲུན་ལས་རིགས་ཀྱི"ཟླ་གྲགས"སུ་གྱུར་ཡོད་དོ། །

07 中国尊

ཀྲུང་གོའི་ཙུན།

北京第一高楼——中国尊是以古代礼器“樽”为灵感的建筑，是我国制造的超级工程中的又一个奇迹。它源于中国文化，承载着历史深处的文明直入云端，其双曲线的建筑造型在高楼林立的建筑群中既有顶天立地之势，又体现出庄重的东方神韵。中国尊留给我们的，不仅是立足于中国首都、体现北京未来的新建筑，更是为北京甚至是为这个国家所带来的荣誉认证、实力认证以及匠心认证。

中国尊呈上下两端粗、中间细的结构，高达528米，地上108层，地下7层，可同时容纳1.2万人办公。它的出现，不仅刷新了北京的地标新高，还创下了多项世界纪录。它是8度抗震设防烈度区的已建的最高建筑，为满足结构抗震与抗风的技术要求，在结构上采用了含有巨型柱、巨型斜撑及转换桁架的外框筒以及含有组合钢板剪力墙的核心筒，形成了巨型钢混凝土筒中筒结构体系。为配合建筑外轮廓，结构设计使用了BIM技术特别是结构参数化设计和分析手段，满足了建筑功能的要求，达到了经济性和安全性的统一。它还运用了全球首创的超500米跃层电梯，更有多项创新科技和建造工艺首次亮相。由内而外，中国尊都堪称中国奇迹。

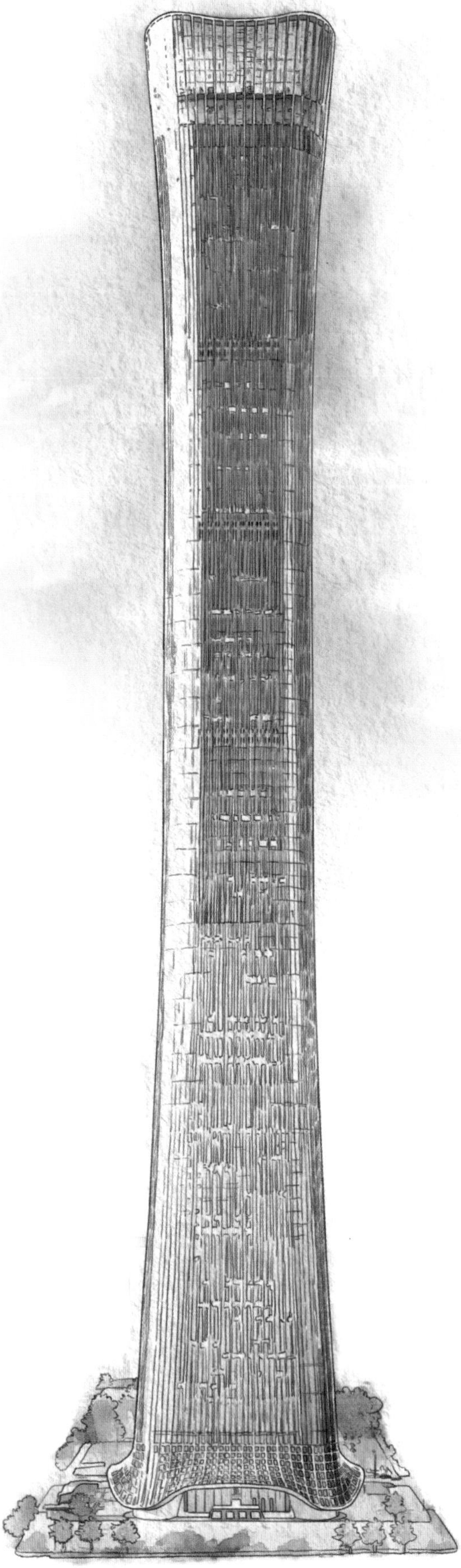

པེ་ཅིན་གྱི་ཐོག་ཁང་ཆེས་མཐོ་ཤོས་ཏེ་ཀྲུང་གོའི་ཙུན་ནི་གནའ་རབས་ཀྱི་གུས་སྲོལ་སྣོད་ཆས"ཙུན"ཁྲོད་ནས་ཐོལ་ཤེས་བྱུང་བའི་བཟོ་སྐྲུན་ཞིག་དང་རང་རྒྱལ་གྱིས་བཟོས་པའི་རིམ་འདས་བཟོ་སྐྲུན་ཁྲོད་ཀྱི་ངོ་མཚར་ཆེ་བ་ཞིག་ཡིན། འདི་ནི་ཀྲུང་གོའི་རིག་གནས་ལས་ཐོལ་ཤེས་བྱུང་བ་ཞིག་ཡིན་པ་དང་། ལོ་རྒྱུས་ཀྱི་གཏིང་ཟབ་པའི་སྲིན་ཏུམ་གྱི་རྩེ་མོར་སླེབས་ཡོད་ཅིང་། འདིའི་འཕྲོག་ཐིག་ཟུང་གི་བཟོ་དབྱིབས་ནི་ཐོག་བརྩེགས་ཁང་ཆེན་གྱིས་ཁེངས་པའི་འཛུགས་སྐྲུན་ཚོགས་པའི་ཁྲོད་དུ་ས་གནོན་གནམ་འདེགས་ཀྱི་རྣམ་པ་གྲུབ་པར་མ་ཟད། བརྗིད་ཉམས་ལྡན་པའི་ཤར་ཕྱོགས་ཀྱི་ཉམས་འགྱུར་ཡང་མངོན་ཡོད། ཀྲུང་གོའི་ཙུན་གྱིས་ང་ཚོར་མངོན་པ་ནི་ཀྲུང་གོའི་རྒྱལ་སར་གཞི་ཚུགས་པ་དང་པེ་ཅིན་གྱི་འབྱུང་འགྱུར་མངོན་པའི་སྐྲུན་དངོས་གསར་བ་ཙམ་མ་ཡིན་པར། དེ་ནི་པེ་ཅིན་དང་ཐ་ན་རྒྱལ་ཁབ་འདིར་ཐོབ་པའི་གཟི་བརྗིད་ཁས་ལེན་དང་སྟོབས་ཤུགས་ཁས་ལེན། དེ་བཞིན་བཟོ་པའི་ངོས་འཛིན་ཁས་ལེན་བཅས་མངོན་པར་མཚོན་པ་ཡིན་ནོ། །

ཀྲུང་གོའི་ཙུན་ནི་གོང་འོག་གཉིས་སྦྲམ་ཞིང་དཀྱིལ་གཞུང་ཕྲ་བའི་སྒྲིག་གཞི་དང་། མཐོ་ཚད་ལ་སྨི528ཡོད། ས་ངོས་སྟེང་ཐོག་བརྩེགས་རིམ་པ108དང་ས་འོག་ཏུ་ཐོག་བརྩེགས་རིམ་པ7ཡོད་ཅིང་དུས་མཉམ་དུ་མི་ཁྲི1.2གཞུང་སྐྱབ་ཐུབ་ཆོག འདི་བྱུང་བས་པེ་ཅིན་གྱི་ས་རྟགས་ཀྱི་མཐོ་ཚད་གསར་བ་བསྐྲུན་གླིང་གི་ཟིན་ཐོ་མང་པོ་བསྐྲུན་འགོག་འགོག་སྲུང་ཁུལ་དུ་བསྐྲུན་ཟིན་པ་དང་། སྒྲིག་གཞིའི་ཡོམ་འགོག་དང་རླུང་སྒྲིག་གཞིའི་ཐད་ནས་ཀ་བ་ཆེན་པོ་དང་གསེག་ཕྲ་སྒྲོམ་དང་དེ་བཞིན་ལྕགས་ལེབ་གཏུབ་ཤུགས་ལྕགས་ཆེ་གྲས་དང་མཉམ་བསྲེས་ས་མདོང་གི་སྒྲིག་ཕྲའི་སྐྱི་ཁོག་ལ་གནོགས་འདེགས་བྱེད་ཆེད། སྒྲིག་གཞིའི་པར་དུ་སྒྲིག་གཞིའི་ཞུགས་གྲངས་ཅན་གྱི་འཆར་འགོད་འཛུགས་སྐྲུན་ནུས་པའི་རེ་བ་བསྐངས་པ་དང་། དཔལ་རང་བཞིན་གཅིག་གྱུར་བྱུང་ཡོད། འདིས་ད་དུང་གོ་ལ་རྒྱལ་པའི་སྨི500ལས་བརྒལ་བའི་མཚོང་སྐྱོད་རིམ་པའི་གློག་སྐས་ཚན་རྩལ་གསར་གཏོད་དང་བཟོ་སྐྲུན་བཟོ་རྩལ་མང་པོ་ཐོག་ནས་བཤད་ཀྱང་། ཀྲུང་གོའི་ཅོན་ནི་ཀྲུང་གོའི་ངོ་མཚར་ཞིག་ཡིན་པར་མ་ཟད། ད་དུང་འཛམ་ཡོད། འདི་ནི་ཧྲུའུ8ཡོམ་པའི་བཟོ་སྐྲུན་ཆེས་མཐོ་ཤོས་ཡིན་འགོག་ལག་རྩལ་གྱི་རེ་བ་སྐོང་ཆེད། འདེགས་ཆེན་པོ། བརྟེ་སྒྲོམ་བཅས་ཡོད་པའི་ཀྱང་འདུས་པའི་ལྟེ་མདོང་སྤྱད་ནས། ངར་གཞིའི་མ་ལག་གྲུབ་ཡོད། བཟོ་སྐྲུན་གྱི་འཆར་འགོད་ལBIMལག་རྩལ་དང་ལྷག་དང་དབྱེ་ཞིབ་བྱེད་ཐབས་སྤྱད་པས། འཁོར་རང་བཞིན་དང་བདེ་འཇགས་པོའི་ཐོག་མར་གསར་གཏོད་བྱས་སྤྱད་པ་དང་། གཞན་ད་དུང་མར་མངོན་ཡོད། ཕྱི་ནང་གང་ཞེས་བརྗོད་ཆོག་གོ །

08 台北 101 大厦
ཐའེ་པེའི101ཐོག་ཁང་ཆེན་མོ།

台北101大厦是世界上罕有的可施放烟火的摩天大楼。最高施放点高达464.2米，是全世界施放烟火最高的点。每年吸引数十万人现场观赏，成为国际最知名的跨年活动之一，曾创下世界上摩天大楼施放烟火数最高纪录。

台北101大厦于2003年建成，占地面积153万平方米，建筑面积39.8万平方米，高508米，是当时世界上最高的建筑，曾获五个世界第一。其造型宛若劲竹节节高升、柔韧有余，象征生生不息的中国传统建筑。内斜七度的建筑面，层层往上递增。无反射光害的高度透明隔热帷幕玻璃，让人们在台湾的最高建筑内，观天看地。高科技巨型结构可以有效防灾防风，而高科技材质及创意照明，以透明、清晰营造视觉穿透效果，与自然及周围环境大尺度融合。这是世界上第一座防震阻尼器外露于整体设计的大楼，阻尼器直径、电梯长度和攀升速度均为世界之最。更值得一提的是，它拥有被列入吉尼斯世界纪录的最快速电梯，其上行最高速率每分钟可达1010米，相当于时速60公里。

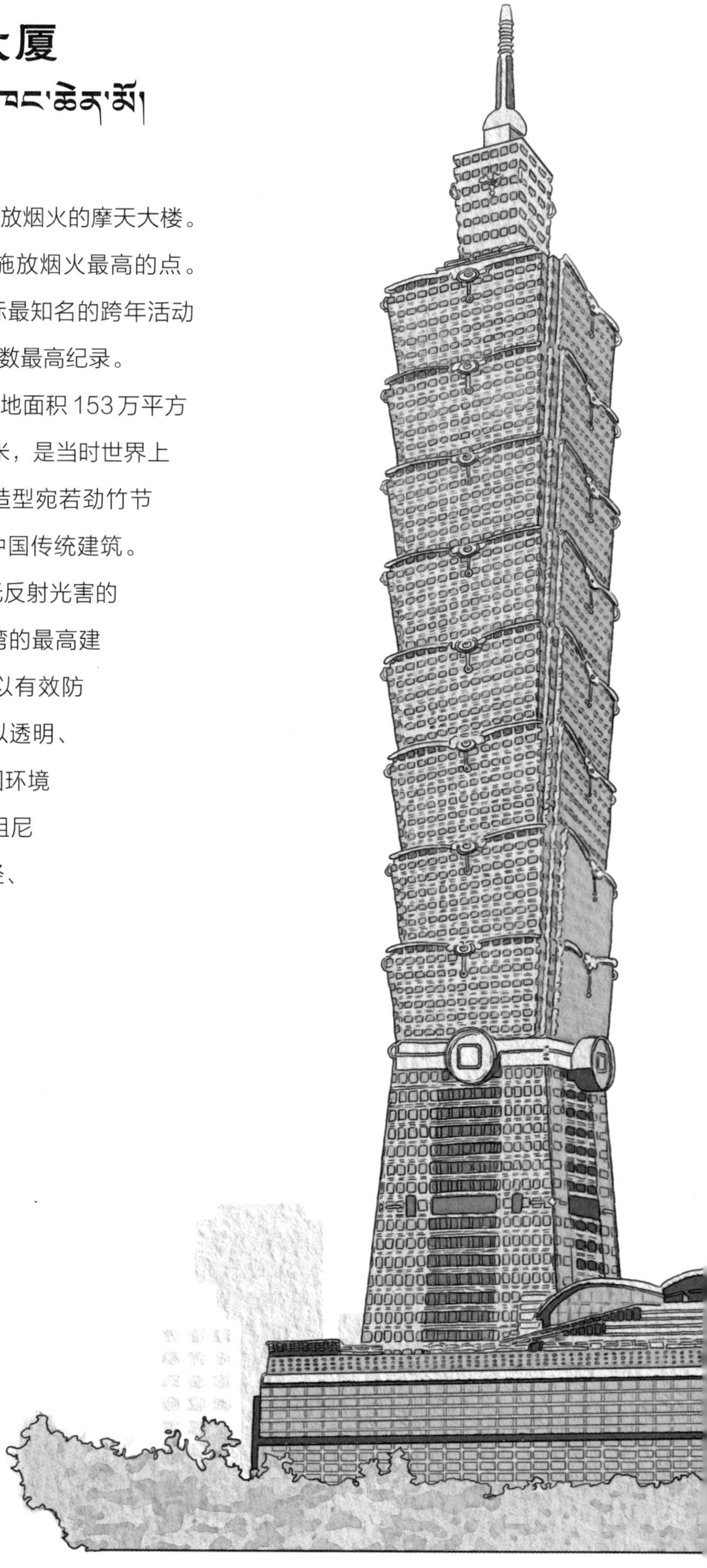

ཐའེ་པེའི101ཐོག་ཁང་ཆེན་མོ་ནི་འཛམ་གླིང་སྟེང་གི་མཐོང་དཀོན་ཞིང་ཨོག་སྣག་བརྒྱབ་ཚོག་པའི་མཁར་ཟུག་ཐོག་ཁང་ཆེན་མོ་ཞིག་ཡིན། ཆེས་མཐོ་བའི་ཨོག་སྣག་རྒྱག་གནས་ཀྱི་མཐོ་ཚད་ལ་སྨི464.2ཡོད་པ་དང་། དེ་ནི་འཛམ་གླིང་ཡོངས་ཀྱི་ཨོག་སྣག་རྒྱག་ས་ཆེས་མཐོ་བའི་གནས་ཡིན། ལོ་རེར་མི་ཁྲི་བཅུ་ཕྲག་ཁ་ཤས་ཡུལ་དངོས་ལྟ་རོལ་དུ་ཕེབས་པ་དང་། རྒྱལ་སྤྱིའི་སྟེང་གི་སྐད་གྲགས་ཆེས་ཆེ་བའི་ལོ་འཁོར་བཀལ་བའི་བྱ་འགུལ་གྲས་ཀྱི་གཅིག་ཏུ་གྱུར་ཏེ། འཛམ་གླིང་སྟེང་གི་ཐོག་ཁང་ཆེན་མོར་ཨོག་སྣག་རྒྱག་པའི་ཟིན་ཐོ་མཐོ་ཤོས་བསྐྲུན་ཡོད།

ཐའེ་པེའི101ཐོག་ཁང་ཆེན་མོ་ནི2003ལོར་ལེགས་གྲུབ་བྱུང་བ་དང་། ས་ཟིན་རྒྱ་ཁྱོན་ལ་སྨི་གྲུ་བཞི་མ་ཁྲི153དང་འཛུགས་སྐྲུན་རྒྱ་ཁྱོན་ལ་སྨི་གྲུ་བཞི་མ་ཁྲི39.8ཡོད་ཅིང་། མཐོ་ཚད་ལ་སྨི508ཡོད་པས་སྐབས་དེའི་འཛམ་གླིང་སྟེང་གི་འཛུགས་སྐྲུན་ཆེས་མཐོ་ཤོས་ཡིན་པ་དང་། འཛམ་གླིང་གི་ཨང་དང་པོ་ལྟ་ཐོབ་མྱོང་། དེའི་བཟོ་དབྱིབས་ནི་སྨྱུ་སྡོངས་རྒྱས་པའི་སྨྱུག་མ་དང་འདྲ་བར་བསྟུད་མར་ཇེ་མཐོ་དང་ལྷེམ་འཛམ་ལྡན་པས། མི་རབས་ནས་མི་རབས་བར་འཕེལ་བའི་ཀྲུང་གོའི་སྲོལ་རྒྱུན་བཟོ་སྐྲུན་མངོན་པར་མཚོན་ཡོད། ནང་ཕྱོགས་གསེག་ཚད་ཏུའུ་བདུན་གྱི་འཛུགས་སྐྲུན་ངོས་ནི་རིམ་པ་བཞིན་དུ་རིམ་འཕར་བྱུང་ཡོད། གནོད་མེད་ལྷོག་འཁྲོའི་འོད་ཀྱིས་ཚད་མཐོའི་དྭངས་གསལ་གྱི་ཉི་འོད་འཁྲོ་ཡོལ་ཤེལ་བརྒྱུད་ནས། མི་རྣམས་ཀྱིས་ཐའེ་ཕན་གྱི་ཆེས་མཐོ་བའི་བཟོ་སྐྲུན་ནང་དུ་གནམ་ས་གཉིས་ཀར་ལྟད་མོ་བལྟས་ཚོག ཚན་རྩལ་མཐོ་བའི་སྒྲིག་གཞི་ཆེན་པོས་གནོད་འཚེ་དང་རླུང་སོགས་འགོག་ནུས་ལྡན་པ་དང་། ཚན་རྩལ་མཐོ་བའི་རྒྱུ་ཆ་དང་གསར་གཏོད་གློག་སྒྲོན་གྱིས་ཕྱི་གསལ་ནང་གསལ་དང་གསལ་པོར་བརྟེན་ནས་མཐོང་ཚོར་གྱི་ཕན་འབྲས་ལེགས་པོར་བྱས་ཏེ། རང་བྱུང་དང་མཐའ་འཁོར་གྱི་ཁོར་ཡུག་ལ་ཚད་གཞི་མཐོན་པོའི་མཉམ་འདྲེས་སུ་བཙུག འདི་ནི་འཛམ་གླིང་སྟེང་གི་ཡོམ་འགོག་ཙུའུ་ཉི་འཕྲུལ་ཆས་ཕྱི་རོལ་དུ་འབུར་དབྱིབས་སུ་འཆར་འགོད་བྱས་པའི་ཐོག་བརྩེགས་ཆེན་མོ་དང་པོ་ཡིན་པ་དང་། ཙུའུ་ཉི་འཕྲུལ་ཆས་ཀྱི་ཚངས་ཐིག་དང་གློག་སྐས་ཀྱི་རིང་ཚད། འཕར་བགྲོད་མྱུར་ཚད་བཅས་ཆ་ཚང་འཛམ་གླིང་གི་ཡང་རྩེར་སོན་ཡོད། དེ་བས་ཀྱང་གླིང་རིན་ཡོད་པ་ཞིག་ནི། འདི་ནི་ཅི་ཉི་སིའི་འཛམ་གླིང་ཟིན་ཐོའི་ནང་དུ་བཀོད་པའི་མྱུར་ཚད་ཆེས་མགྱོགས་པའི་གློག་སྐས་ཡིན་པ་དང་། དེའི་གོང་སྐྱོད་མྱུར་ཚད་སྐར་མ་རེར་སྨི1010ཟིན་པ་དང་དུས་ཚོད་རེའི་མྱུར་ཚད་སྤྱི་ལེ60དང་མཚུངས་སོ། །

09 广州国际金融中心

ཀོང་ཀྲོའུ་རྒྱལ་སྤྱིའི་དངུལ་རྩའི་ལྟེ་གནས།

拥有国际地标优势、核心区位优势、高端定位优势、安全可靠优势、完善配套设施优势、环保舒适优势和单一业权优势的广州国际金融中心是广州新地标建筑之一。建筑结构采用巨型斜交网柱筒中筒结构的“通透水晶”方案。外观主塔楼建筑以曲线形状及透明的光滑建筑立面为思路设计，通过渐变宽度形成两头小中间大的纺锤外形，呈现出流动几何图案，使楼体有着“直入云霄”的视觉效果。它以其独特的区域高度及功能组合，与广州经济发展一脉相承，跻身全球十大超高层建筑之列。

广州国际金融中心作为中国南方首席金融商务平台，占地面积约3.1万平方米，高437.5米，主楼地上共103层，地下4层，总建筑面积45.6万平方米。该建筑采用三角结构，具有双曲抛物面外观。建筑周身采用斜肋构架，显著减少了结构用钢需求，无须使用阻尼器减小水平位移，可抵御我国南部沿海的台风气候。自建成以来，分别获得第六届英国皇家建筑师协会莱伯金奖、LEED铂金级绿色建筑认证、ISO50000能源管理国际标准认证，以及中国建筑学会建筑设计奖(建筑结构)金奖、第三届中国建筑学会建筑设计奖(给水排水)公共建筑类一等奖等奖项。

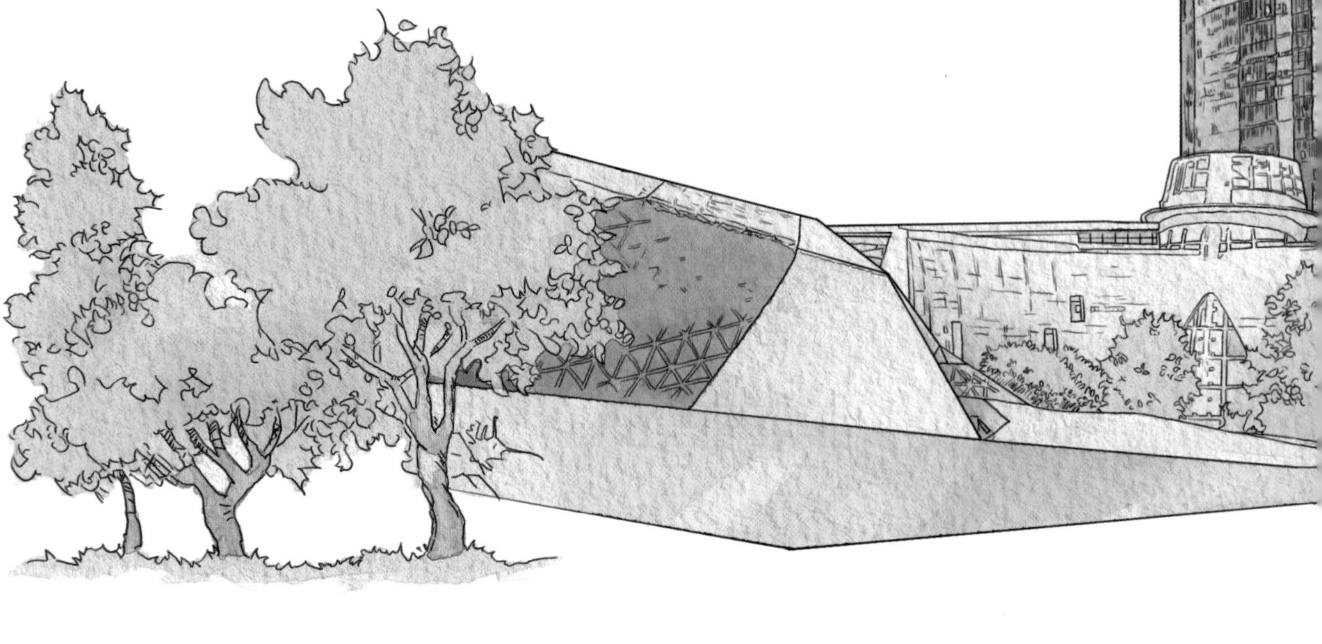

རྒྱལ་སྤྱིའི་སའི་མཚོན་རྟགས་ཀྱི་ཞིགས་ཆ་དང་དཀྱིལ་སྙིང་ས་བབ་ཀྱི་ཞིགས་ཆ། རྩེར་སོན་གྱི་ཊིས་གནས་ཞིགས་ཆ། བདེ་འཇགས་དང་རྟོན་ཏུང་ཞིགས་ཆ། མ་ལག་དང་སྒྲིག་བཀོད་ཀྱི་འཕྲུས་སྒོ་ཚང་བའི་ཞིགས་ཆ། ཕོར་སྤུང་སྐྱིད་སྣང་དོད་པའི་ཞིགས་ཆ། ལས་རིགས་རྒྱུད་པའི་དབང་ཆའི་ཞིགས་ཆ་བཅས་ལྡན་པའི་ཀོང་ཀྲོའུ་རྒྱལ་སྤྱིའི་དངུལ་རྩའི་ལྟེ་གནས་ནི་ཀོང་ཀྲོའུ་ཡི་ས་གནས་མཚོན་རྟགས་གསར་བའི་འཛུགས་སྐྲུན་གྲུས་ཀྱི་གཅིག་ཡིན། འཛུགས་སྐྲུན་གྱི་སྒྲིག་གཞིར་གཞི་རྒྱ་ཧ་ཅང་ཆེ་བའི་གསེག་སྣོལ་དྲ་བའི་ཀ་བའི་སྒྲུག་ནང་སྒྲུག་ལས་གྲུབ་པའི"དྭངས་གསལ་ཆུ་ཤེལ"གྱི་ཧུས་གཞི་སྤྱད་ཡོད། དེའི་ཕྱི་ངོས་ཀྱི་མཚོད་རྟེན་དབྱིབས་ཀྱི་ཐོག་ཁང་གཙོ་བོའི་འཛུགས་སྐྲུན་ནི་འཁྱིག་ཐིག་གི་དབྱིབས་དང་དྭངས་གསལ་གྱི་འཇམ་པའི་བཟོ་སྐྲུན་ངོས་ཀྱི་བསམ་ཕྱོགས་ལྷར་འཆར་འགོད་བྱས་ཏེ། རིམ་བཞིན་ཞིང་ཚད་འགྱུར་བ་དང་བསྟུན་ནས་སྟེ་གཉིས་ཆུང་ཞིང་དཀྱིལ་གཞུང་ཆེ་བའི་འཁེལ་འཐག་དང་འདྲ་བའི་ཕྱི་དབྱིབས་གྲུབ་ཅིང་། འཁོར་རྒྱུག་དབྱིབས་རྩིས་ཀྱི་རི་མོ་མངོན་པར་བྱས་ཏེ། ཐོག་ཁང་གི་གཟུགས་ནི"ཐད་ཀར་ནམ་མཁར་ཟུག་པ"མཐོང་ཚོར་གྱི་ཕན་འབྲས་ཞིགས་པོ་ཡོད། དེའི་ཐུན་མོང་མ་ཡིན་པའི་ས་ཁོངས་ཀྱི་མཐོ་ཚད་དང་ནུས་པའི་སྡེབ་སྒྲིག་ནི་ཀོང་ཀྲོའུ་ཡི་དཔལ་འབྱོར་འཕེལ་རྒྱས་དང་གཅིག་རྒྱུན་གཅིག་འཛིན་བྱས་ཏེ། གོ་ལ་ཧྲིལ་པོའི་རིམ་བརྩེགས་མཐོན་པོའི་བཟོ་སྐྲུན་ཆེན་པོ་བཅུའི་གྲས་སུ་ཚུད་ཡོད།

ཀོང་ཀྲོའུ་རྒྱལ་སྤྱིའི་དངུལ་རྩའི་ལྟེ་གནས་ནི་ཀྲུང་གོའི་ལྷོ་ཕྱོགས་ཀྱི་དབུ་བཞུགས་དངུལ་རྩའི་ཚོང་དོན་ལས་སྣེགས་ཤིག་ཡིན་པའི་ཆ་ནས། ས་ཁྲིན་རྒྱ་ཁྱོན་སྨི་ངོས་གྲུ་ཁྲི3.1དང་མཐོ་ཚད་ལ་སྨི437.5ཡོད། ཐོག་ཁང་གཙོ་བོའི་ས་ངོས་སུ་ཐོག་བརྩེགས་རིམ་པ103དང་ས་འོག་ཏུ་བརྩེགས་རིམ4ཡོད། སྤྱིའི་འཛུགས་སྐྲུན་རྒྱ་ཁྱོན་སྨི་ངོས་གྲུ་ཁྲི45.6ཡོད། བཟོ་སྐྲུན་འདིའི་ཟུར་གསུམ་གྱི་སྒྲིག་གཞི་བཀོལ་ཡོད་ལ་འཁྱིག་ཟུར་གི་འཕངས་ངོས་བཟོ་ལྟ་ལྡན། འཛུགས་སྐྲུན་གྱི་མཐའ་འཁོར་དུ་རྩིབ་ཏུས་གསེག་གྲུབ་སྒྲོམ་བུ་སྤྱད་པས་སྒྲིག་གཞིའི་ངར་ཤུགས་སྟོད་ཚད་མངོན་གསལ་གྱིས་ཇེ་ཙུང་དུ་བཏང་བ་དང་། ཙུའུ་ཉི་འཕྲུལ་ཆས་སྤྱད་དེ་ཆུ་ངོས་མཉམ་པའི་གནས་སྟོ་ཇེ་ཆུང་དུ་གཏོང་མི་དགོས་པར། རང་རྒྱལ་ལྷོ་རྒྱུད་མཚོ་རྒྱུད་ཀྱི་རྒྱ་མཚོའི་རླུང་འཚུབ་གནམ་གཤིས་འགོག་ཐུབ། ཞིགས་གྲུབ་བྱུང་བ་ནས་བཟུང་། སྐབས་དྲུག་པའི་དབྱིན་ཇིའི་གོང་མ་ཚང་གི་བཟོ་སྐྲུན་མཁན་པོའི་མཐུན་ཚོགས་ཀྱི་ལའེ་པོ་གསེར་གྱི་བྱ་དགའ་དངLEEDཕེད་གསེར་རིམ་པའི་ལྗང་མདོག་འཛུགས་སྐྲུན་གྱི་ཁས་ལེན་དཔང་རྟགས། ISO50000ནུས་ཁོངས་དོ་དམ་གྱི་རྒྱལ་སྤྱིའི་ཚད་གཞིའི་ཁས་ལེན་དཔང་རྟགས་བཅས་དང་། དེ་བཞིན་ཀྲུང་གོ་བཟོ་སྐྲུན་སློབ་ཚོགས་ཀྱི་འཛུགས་སྐྲུན་འཆར་འགོད་བྱ་དགའི(འཛུགས་སྐྲུན་སྒྲིག་གཞི)གསེར་གྱི་བྱ་དགའ་དང་། སྐབས་གསུམ་པའི་ཀྲུང་གོ་བཟོ་སྐྲུན་སློབ་ཚོགས་ཀྱི་འཛུགས་སྐྲུན་འཆར་འགོད་བྱ་དགའ(ཆུའི་མཁོ་སྤྲོད་དང་ཆུའི་ཕྱིར་འབུད)སྤྱི་གཞུང་འཛུགས་སྐྲུན་རིགས་ཀྱི་བྱ་དགའ་ཨང་དང་པོ་སོགས་ཐོབ་པོ། །

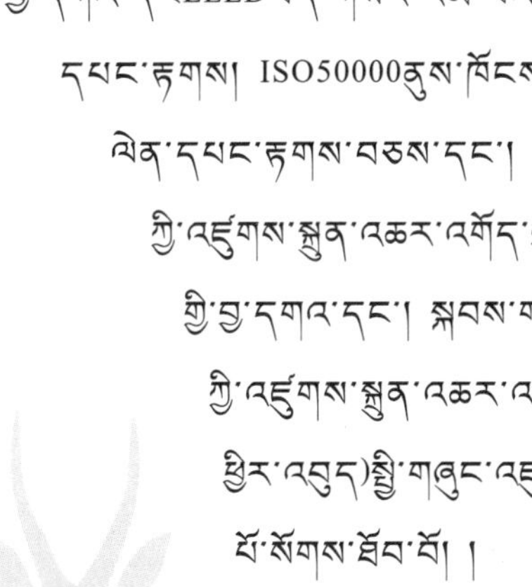

10 国家体育场（鸟巢）

རྒྱལ་ཁབ་ལུས་རྩལ་ར་བ། (བྱ་ཚང)

被誉为“第四代体育馆”的伟大建筑作品——国家体育场（鸟巢），位于北京奥林匹克公园中心区南部，占地20.4公顷，建筑面积25.8万平方米，可容纳观众9.1万人，作为我国历史上首个举办过夏季和冬季奥运会开幕式的体育场，鸟巢已经成为代表国家形象的标志性建筑和奥运遗产，它超越了纯粹的体育或建筑概念，被赋予更加神圣而深邃的社会意义。

国家体育场（鸟巢）钢结构是目前世界上跨度最大的体育建筑之一，也是中国当代十大建筑之一。设计师们将结构暴露在外，自然形成建筑的外观，形态如同孕育生命的“巢”和摇篮，寄托着人类对未来的希望。鸟巢于2003年开工建设，2008年完工。主体结构设计使用年限达到一百年，抗震设防烈度为8度。在建设中，采用先进的节能设计和环保措施，达到良好的自然通风和自然采光、雨水全面回收、可再生地热能源利用、太阳能光伏发电技术应用等效果。这些先进的绿色环保举措使国家体育场成为名副其实的大型“绿色建筑”。

“མི་རབས་བཞི་པའི་ལུས་རྩལ་ཁང་”ཞེས་འབོད་པའི་རླབས་ཆེན་གྱི་འཛུགས་སྐྲུན་བརྩམས་ཆོས་ཏེ་རྒྱལ་ཁབ་ལུས་སྦྱོང་ར་བ(བྱ་ཚང)ནི་པེ་ཅིན་ཨོ་ལིམ་ཕིག་སྤྱི་གླིང་གི་དཀྱིལ་སྙིང་ཁུལ་གྱི་ལྷོ་རྒྱུད་དུ་གནས་པ་དང་། ས་ཁྱིན་རྒྱ་ཁྲོན་སྤྱི་ཚེང20.4དང་འཛུགས་སྐྲུན་རྒྱ་ཁྲོན་སྤྱི་གྲུ་བཞི་མ་ཁྲི25.8ཡོད་ཅིང་ལྷད་མོ་པ་ཁྲི9.1ཤོང་བ་ཡིན། དེ་ནི་རང་རྒྱལ་གྱི་ལོ་རྒྱུས་སྟེང་གི་དབྱར་དུས་དང་དགུན་དུས་ཨོ་རྩལ་འགྲན་ཚོགས་ཀྱི་མགོ་ཚུགས་མཛད་སྒོ་སྲིལ་སྐྱོང་བའི་ལུས་རྩལ་ར་བ་ཐོག་མ་ཡིན་པའི་ཆ་ནས། བྱ་ཚང་ནི་རྒྱལ་ཁབ་ཀྱི་སྣང་བརྙན་མཚོན་པའི་མཚོན་རྟགས་རང་བཞིན་གྱི་འཛུགས་སྐྲུན་དང་ཨོ་རྩལ་འགྲན་ཚོགས་ཀྱི་ཤུལ་བཞག་ཏུ་གྱུར་ཡོད། དེ་ཉིད་ལུས་རྩལ་དང་ཡང་ན་བཟོ་བཀོད་ཀྱི་དོན་སྤྱི་ཁོ་ན་ལས་བརྒལ་ཞིང་། དེ་ལ་ཁྱད་དུ་འཕགས་པ་དང་གཏིང་ཟབ་པའི་སྤྱི་ཚོགས་ཀྱི་དོན་སྙིང་ལྡན་ཡོད།

རྒྱལ་ཁབ་ལུས་རྩལ་ར་བའི(བྱ་ཚང)ངར་ལྕགས་སྒྲིག་གཞི་ནི་མིག་སྔར་འཛམ་གླིང་སྟེང་གི་བརྒྱལ་ཚད་ཆེས་ཆེ་བའི་ལུས་རྩལ་འཛུགས་སྐྲུན་གྱི་གྲས་ཤིག་ཡིན་ལ། ཀྲུང་གོའི་དེང་རབས་ཀྱི་འཛུགས་སྐྲུན་ཆེ་གྲས་བཅུའི་གྲས་ཀྱི་གཅིག་ཀྱང་ཡིན། འཆར་འགོད་པ་རྣམས་ཀྱིས་སྒྲིག་གཞི་ཕྱིར་མངོན་པ་དང་རང་བྱུང་གིས་གྲུབ་པའི་བཟོ་སྐྲུན་ཕྱི་ཚུལ། རྣམ་པ་ནི་ཚེ་སྲོག་གསོ་སྐྱོང་བྱེད་པའི“ཚང”ངམ་འབྱུང་གནས་དང་འདྲ་བར་མིའི་རིགས་ཀྱིས་འབྱུང་འགྱུར་ལ་རེ་འདུན་བཅོལ་ཡོད། བྱ་ཚང་ནི2003ལོར་ལས་མགོ་བརྩམས་པ་དང2008ལོར་ལེགས་གྲུབ་བྱུང་བ་ཡིན། སྒྲིག་གཞི་གཙོ་བོའི་འཆར་འགོད་བེད་སྤྱོད་ལོ་ཚད་ལོ་བརྒྱ་ཟིན་པ་དང་ཡོམ་འགོག་འགོག་སྲུང་གི་གནོད་ཚད་ཏུ8ཡིན། འཛུགས་སྐྲུན་བྱེད་དུས་སྔོན་ཐོན་གྱི་ནུས་ཁུངས་གྲོན་ཆུང་གི་འཆར་འགོད་དང་ཁོར་སྲུང་བྱེད་ཐབས་སྤྱད་དེ་རང་བྱུང་གི་རླུང་རྒྱུ་བ་དང་རང་བྱུང་གི་འོད་ལེན། ཆར་ཆུ་ཕྱོགས་ཡོངས་ནས་ཚུར་སྡུད། སྐར་སྐྲེས་ཐུབ་པའི་ས་འོག་ཆ་ནུས་ནུས་ཁུངས་བེད་སྤྱོད། ཉི་ནུས་འོད་ཤུགས་གློག་གཏོང་ལག་རྩལ་བཀོལ་སྤྱོད་སོགས་ཀྱི་ཕན་འབྲས་ལེགས་པོར་ཐོན་ཡོད། སྔོན་ཐོན་གྱི་ལྗང་མདོག་ཁོར་སྲུང་བྱེད་ཐབས་འདི་དག་གིས་རྒྱལ་ཁབ་ཀྱི་ལུས་རྩལ་ར་བ་ནི་མིང་དོན་མཚུངས་པའི“ལྗང་མདོག་འཛུགས་སྐྲུན”ཆེ་གྲས་ཤིག་ཏུ་གྱུར་ཡོད།

11 西藏博物馆新馆

བོད་ལྗོངས་རྟེན་མཛོད་ཁང་གསར་པ།

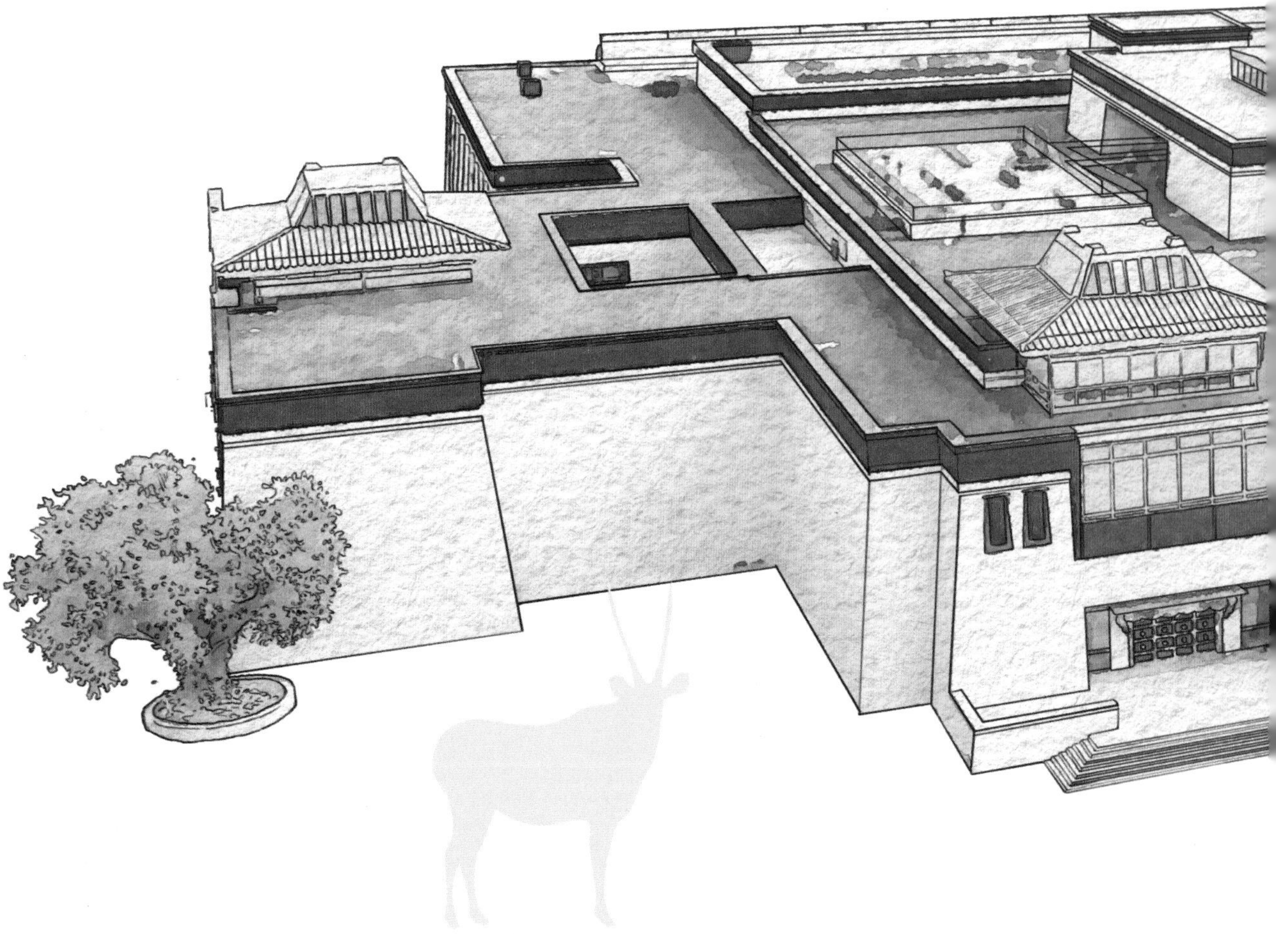

果戈里说：“当诗歌和传说都缄默的时候，只有建筑在说话。”一座精美的建筑，不仅是人类创造的物质文明与精神文明展现在地球上的一种集科学技术、美学、艺术为一体的时空文化形态，更是解读一个城市或者一个区域文化、历史的窗口。作为拉萨新地标的西藏博物馆新馆，以西藏文化中表达宇宙和生命象征的坛城为灵感，实现了跨越时空的对话，呈现西藏文化在新时代的表达方式。

西藏博物馆新馆是西藏唯一一座集典藏、展示、研究、教育、服务等功能为一体的国家一级现代化综合博物馆，占地面积达6.5万平方米。36米高金顶大厅，1100块玻璃引入自然光，上部玻璃天窗呈75° 斜角，实现了冬季采光的最大化。格栅漫反射光，改善厅内采光效果，让博物馆成为光的容器，拉萨“日光城”的特色尽显其中。在装饰方面，采用西藏传统的木工、彩绘手艺，体现了传统的民族特色，承载的更是本土文化泛出的时代光芒。

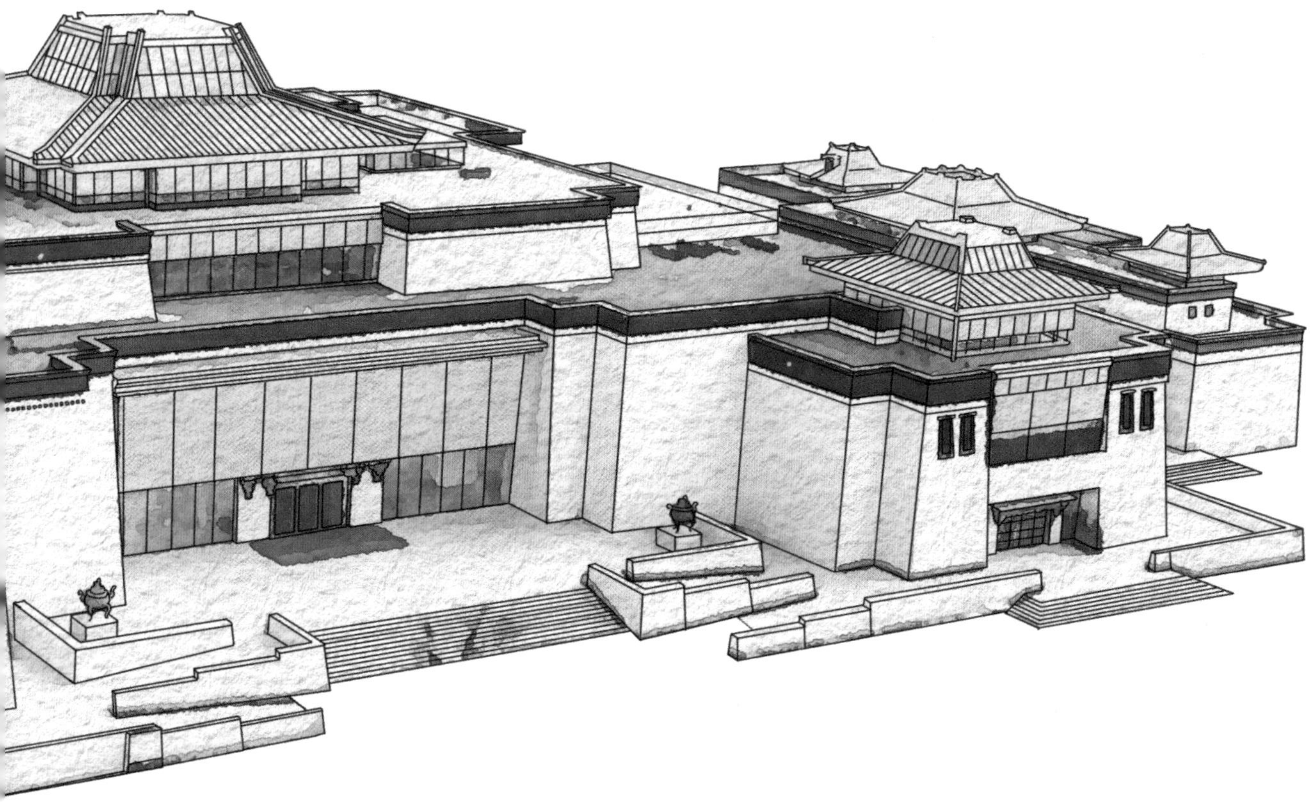

ཀོ་ཀི་ལིས“སྣན་ངག་དང་ངག་རྒྱུན་ཚང་མ་ཁ་རོག་སྡོད་པའི་དུས་སུ་བཟོ་སྐྲུན་པོ་ནས་སྐད་ཆ་བཤད་བཞིན་ཡོད”ཅེས་བརྗོད་པ་ཇི་བཞིན། སྤུས་ལེགས་ཀྱི་བཟོ་སྐྲུན་ནི་མིའི་རིགས་ཀྱིས་བསྐྲུན་པའི་དངོས་པོའི་དཔལ་ཡོན་དང་བསམ་པའི་དཔལ་ཡོན་སའི་གོ་ལའི་སྟེང་དུ་མངོན་པའི་ཚན་རིག་ལག་རྩལ་དང་མཛེས་རིག སྒྱུ་རྩལ་བཅས་གཞི་གཅིག་ཏུ་འདུས་པའི་བར་མཐོང་རིག་གནས་ཀྱི་རྣམ་པ་ཞིག་ཡིན་པར་མ་ཟད། གྲོང་ཁྱེར་ཞིག་གམ་ཡང་ན་ས་ཁོངས་ཤིག་གི་རིག་གནས་དང་ལོ་རྒྱུས་ཀྱི་སྐོའུ་ཁུང་ཞིག་ཀྱང་ཡིན། ལྷ་སའི་ས་གནས་ཀྱི་མཚོན་རྟགས་གསར་པ་ཞིག་ཡིན་པའི་ཆ་ནས། བོད་ལྗོངས་རྟེན་མཛོད་ཁང་གསར་བས་བོད་ཀྱི་རིག་གནས་ཁྱད་ཀྱི་འཛིག་རྟེན་དང་ཚེ་སྲོག་མཚོན་བྱེད་ཀྱི་དཀྱིལ་འཁོར་ཐོལ་བྱུང་དུ་བཟུང་ནས། དུས་དང་བར་སྟོང་ལས་བརྒལ་བའི་ཁ་བརྡ་མངོན་འགྱུར་བྱུང་སྟེ། དུས་རབས་གསར་པའི་བོད་ཀྱི་རིག་གནས་མཚོན་ཐབས་ཤིག་ཏུ་གྱུར་ཡོད།

བོད་ལྗོངས་རྟེན་མཛོད་ཁང་གསར་པ་ནི་བོད་ཀྱི་སྟུད་ཤར་དང་འགྲེམས་སྟོན། ཞིབ་འཇུག སློབ་གསོ། ཞབས་ཞུ་སོགས་ཀྱི་ནུས་པ་གཅིག་ཏུ་འདུས་པའི་རྒྱལ་ཁབ་ཀྱི་རིམ་པ་དང་པོའི་དེང་རབས་ཅན་གྱི་ཕྱོགས་བསྡུས་རྟེན་མཛོད་ཁང་གཅིག་པུ་ཡིན། ས་ཞེང་རྒྱ་ཁྱོན་སྨི་ངོས་གྲུ་ཁྲི6.5ཟིན་པ་དང་མཐོ་ཚད་ལ་སྨི36 གསེར་གྱི་རྒྱ་ཕིབས་ཆོམས་ཆེན་གྱི་ཤེལ་ངོས1100ཡི་སྟེང་དུ་རང་བྱུང་འོད་ནང་འདྲེན་བྱས་པ་དང་། སྟེང་ཕྱོགས་ཀྱི་ཤེལ་གྱི་སྐར་ཁུང75°ཡི་གསེག་ཟུར་དུ་གནས་ཡོད་ཅིང་། དགུན་དུས་སུ་འོད་ལེན་མཐོ་ཤོས་སུ་སླེབས་ཐུབ་པ་དང་ དྲ་མིག་གི་འོད་ལྡོག་འཕྲོས་ཆོམས་ཆེན་ནང་གི་འོད་ལེན་ཕན་ནུས་ཇེ་ལེགས་སུ་ཕྱིན་པ་དང་། རྟེན་མཛོད་ཁང་ནི་འོད་ཀྱི་སྡོད་ཆས་ཤིག་ཏུ་གྱུར་ཡོད་ཅིང་། ལྷ་སའི“ཉི་འོད་གྲོང་ཁྱེར”ཀྱི་ཁྱད་ཆོས་མངོན་གསལ་དོད་པོས་མཚོན་ཡོད། རྒྱུན་སྲོལ་ཐད་ནས་བོད་ཀྱི་སྲོལ་རྒྱུན་གྱི་ཤིང་བཟོ་དང་ཚོན་བྲིས་ལག་རྩལ་སྤྱད་པས། མི་རིགས་སྲོལ་རྒྱུན་གྱི་ཁྱད་ཆོས་མངོན་ཡོད་ཅིང་ས་གནས་རིག་གནས་ལས་བྱུང་བའི་དུས་རབས་ཀྱི་འོད་སྣང་ཡང་ཐེག་འཕྱུར་བྱས་འདུག་གོ །

12 广州塔

ཀོང་ཀྲོའུ་མདུང་།

屹立在广州珠江南岸的广州塔又称广州新电视塔，是中国当代十大建筑之一，是具备广播电视发射功能的综合性设施，也是广州的新地标。它不仅是目前世界上已建成的最高的塔桅建筑，也是世界上最高的广播电视观光塔。它拥有世界上最高、最长的被称为“蜘蛛侠栈道”的空中漫步云梯，拥有世界上最高的旋转餐厅。塔身顶部450米到454米处设有世界上最高的摩天轮。天线桅杆455米到485米处设有世界上最高的“极速云霄”垂直速降游乐项目。同时，还拥有世界上最高的16个观光球舱，可360° 高空俯瞰、饱览广州乃至珠三角。

广州塔塔身主体高454米，天线桅杆高146米，总高度600米。主塔体为高耸结构，外观各面基本等高，呈椭圆形的渐变网格结构，其造型、空间和结构由两个向上旋转的椭圆形钢外壳变化生成，一个在基础平面，一个在假想的450米高的平面上，两个椭圆彼此扭转135度，在腰部收缩变细，所以它还有一个很吸引人的昵称叫“小蛮腰”。广州塔造型简洁，轮廓分明，与周边建筑相互影响，成为提升广州文化设施水平的标志性建筑。

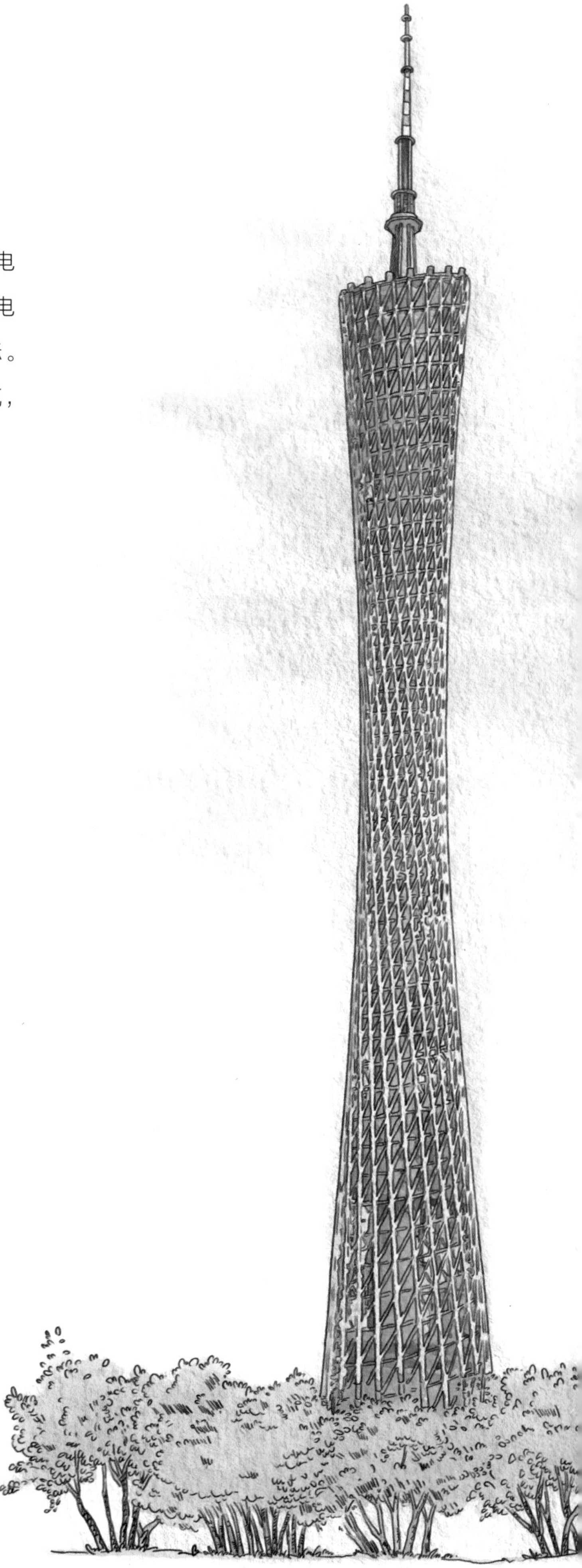

ཀོང་ཀྲོའུ་ཀྲུའུ་ཅང་གཙང་པོའི་ལྷོ་ངོགས་སུ་འཁྱིལ་ངེར་གནས་པའི་ཀོང་ཀྲོའུ་མདུང་ལ་ཀོང་ཀྲོའུ་བརྙན་མདོང་གསར་བའང་ཟེར་ཞིང་། དེ་ནི་ཀྲུང་གོའི་དེང་རབས་འཇུགས་སྐྲུན་ཆེ་གྲས་བཅུའི་གྲས་ཤིག་ཡིན། རླུང་འཕྲིན་བརྙན་འཕྲིན་འཕེན་གཏོང་ནུས་པ་ལྡན་པའི་ཕྱོགས་བསྡུས་རང་བཞིན་གྱི་སྒྲིག་བཀོད་ཅིག་ཡིན་པས། ཀོང་ཀྲོའུ་ཡི་ས་གནས་མཚོན་རྟགས་གསར་བ་ཞིག་ཀྱང་ཡིན། དེ་ནི་མིག་སྔར་འཛམ་གླིང་སྟེང་དུ་བསྐྲུན་ཟིན་པའི་མཆོད་རྟེན་དབྱིབས་ཀྱི་བཟོ་སྐྲུན་མཐོ་ཤོས་ཡིན་པར་མ་ཟད། འཛམ་གླིང་སྟེང་གི་རླུང་འཕྲིན་བརྙན་འཕྲིན་གྱི་ལྟ་སྐོར་བརྙན་མདུང་མཐོ་ཤོས་ཀྱང་ཡིན། དེའི་སྟེང་དུ་འཛམ་གླིང་སྟེང་གི་ཆེས་མཐོ་བ་དང་ཆེས་རིང་ཤོས་ཀྱི"སྤོམ་མིའི་ཤིང་ལམ"ཞེས་འབོད་པའི་བར་སྣང་གི་འཆམ་འཆམ་ཁྲིན་སྐས་ཡོད་པ་དང་། འཛམ་གླིང་སྟེང་གི་ཆེས་མཐོ་བའི་འཁོར་སྐྱོད་ཟ་ཁང་ཡང་ཡོད། མདུང་གི་རྩེ་མོའི་སྨི450ནས་སྨི454བར་མཚམས་སུ་འཛམ་གླིང་སྟེང་གི་ཆེས་མཐོ་བའི་འཕྱུར་མཉེད་འཁོར་ལོ་བཙུགས་ཡོད། གནམ་སྐྱུད་དར་ཤིང་གི་སྨི455ནས་སྨི485བར་མཚམས་སུ་འཛམ་གླིང་སྟེང་གི་ཆེས་མཐོ་བའི"ཆེས་མགྱོགས་པའི་མཁའ་དབྱིབས"དྲང་འཕྱང་མྱུར་འབབ་རོལ་རྩེད་རྣམ་གྲངས་བཙུགས་ཡོད། དུས་མཚུངས་སུ་ད་དུང་འཛམ་གླིང་སྟེང་གི་ཆེས་མཐོ་བའི་ལྟ་སྐོར་ཐྲུམ་ཤག16ཡོད་པ་དང་མཁའ་དབྱིབས་ནས360°ཐུར་ལྟ་བྱས་ན། ཀོང་ཀྲོའུ་དང་ཐ་ན་ཀྲུའུ་ཅང་ཟུར་གསུམ་གླིང་ཡོངས་སུ་ངོམས་ལྟ་བྱེད་ཐུབ།

ཀོང་ཀྲོའུ་མདུང་གི་མདོང་གཟུགས་གཙོ་བོའི་མཐོ་ཚད་ལ་སྨི454དང་། གནམ་སྐྱུད་དར་ཤིང་གི་མཐོ་ཚད་ལ་སྨི146 སྤྱིའི་མཐོ་ཚད་ལ་སྨི600ཡོད། མདུང་གཟུགས་གཙོ་བོ་ནི་མཐོ་ཟུག་སྒྲིག་གཞི་དང་། ཕྱི་ཚུལ་གྱི་ངོས་སོ་སོར་རྩ་བའི་ཆ་ནས་མཐོ་ཚད་འདྲ་སྙོམས་ཡིན་ཞིང་འཇོང་དབྱིབས་ཀྱི་རིམ་འགྱུར་དྲ་མིག་གི་སྒྲིག་གཞི་ཡིན། འདིའི་བཟོ་དབྱིབས་དང་བར་སྟོང་། སྒྲིག་གཞི་བཅས་ནི་ཡར་ཕྱོགས་སུ་འཁོར་བའི་འཇོང་དབྱིབས་ཀྱི་ངར་ལྷུགས་ཕྱི་ཤུན་གཉིས་ཀྱི་འགྱུར་ལྡོག་ལས་གྲུབ་སྟེ། གཅིག་ནི་རྨང་གཞིའི་ངོས་སྙོམས་དང་། ཅིག་ཤོས་ནི་བསམ་ཚོད་ཀྱི་མཐོ་ཚད་སྨི450ཡོད་པའི་ངོས་སྙོམས་སུ་ཡོད། འཇོང་དབྱིབས་གཉིས་པན་ཚུན་བར་གྱི་ཕྱིར་འཁོར་ཚད་ཏུའུ135ཡིན་ཞིང་། རྐེད་པ་འཁྱུམ་ཞིང་ཇེ་ཕྲར་འགྲོ་བས། འདི་ལ་ད་དུང་གཅེས་མིང་ཞིག་ཡོད་དེ"རྐེད་མེད"ཟེར། ཀོང་ཀྲོའུ་མདུང་གི་བཟོ་དབྱིབས་སྣབས་བདེ་བ་དང་སྤྱི་ཁོག་གསལ་པོ་ཡིན་ལ། མཐའ་འཁོར་གྱི་འཇུགས་སྐྲུན་དང་ཕན་ཚུན་གཅིག་ལ་གཅིག་བརྟེན་གྱི་ཚུལ་དུ་གནས་པས། ཀོང་ཀྲོའུ་ཡི་རིག་གནས་སྒྲིག་བཀོད་ཆུ་ཚད་ཇེ་མཐོར་གཏོང་བའི་མཚོན་རྟགས་རང་བཞིན་གྱི་བཟོ་སྐྲུན་ཞིག་ཏུ་གྱུར་ཡོད་དོ། །

13 港珠澳大桥

ཀང་ཀྲུའུ་ཨའོ་ཟམ་ཆེན།

被誉为世界桥梁界“珠穆朗玛峰”的港珠澳大桥是中国新的地标性建筑之一。2018年10月24日正式通车运营。这座世界上最长的跨海大桥，像一条巨龙一样跨越伶仃洋，东接香港特别行政区，西接广东省珠海市和澳门特别行政区，“风帆”“海豚”“中国结”三大标志性景观遥相呼应，成为一道亮丽风景。大桥开通后，从香港到珠海、澳门陆路车程由3.5小时缩短至约45分钟，实现了让香港、澳门、珠海三地人期盼了35年的梦想。

港珠澳大桥是粤、港、澳三地首次合作建设的超大型跨海交通工程。从设计到建成历时14年，成为世界上里程最长、沉管隧道最长、寿命最长、钢结构最大、施工难度最大、技术含量最高、科学专利和投资金额最多的跨海大桥，创造了多项世界纪录。大桥全长55千米，包含22.9千米的桥梁工程，东、西两个人工岛和6.7公里的海底沉管隧道。桥、岛、隧一体，构成了港珠澳大桥主体工程，通航桥隧满足近期10万吨、远期30万吨油轮通行的需求。大桥设计使用寿命120年，可抵御8级地震、16级台风、30万吨撞击以及珠江口300年一遇的洪潮。

འཛམ་གླིང་ཟམ་པའི་ལས་རིགས་ཀྱི“ཛ་མོ་སླང་མ”ཞེས་འབོད་པའི་གང་ཀྲུའུ་ཨའོ་ཟམ་ཆེན་ནི་ཀྲུང་གོའི་མཚོན་རྟགས་རང་བཞིན་གྱི་འཛུགས་སྐྲུན་གསར་བའི་གྲུབ་ཤིག་ཡིན། 2018ལོའི་ཟླ10པའི་ཚེས24ཉིན་དངོས་སུ་ཤར་གཏོང་དང་འཁོར་གཉེར་བྱས་པ་ཡིན། འཛམ་གླིང་སྟེང་གི་ཆེས་རིང་བའི་མཚོ་བརྒལ་ཟམ་ཆེན་འདི་ནི་གཡུ་འབྲུག་ཆེན་པོ་ཞིག་སར་ལྡང་བ་དང་མཚུངས་པར་ལིང་ཐིང་རྒྱ་མཚོ་བརྒལ་བ་དང་། ཤར་དུ་ཞང་གང་དམིགས་བསལ་སྲིད་འཛིན་ཁུལ་དང་འབྲེལ་ཞིང་། ནུབ་ཏུ་གོང་ཏུང་ཞིང་ཆེན་ཀྲུའུ་ཧའི་གྲོང་ཁྱེར་དང་ཨའོ་མོན་དམིགས་བསལ་སྲིད་འཛིན་ཁུལ་དང་འབྲེལ་བས། “ལྕུང་གཡོར”དང“མཚོ་པག” “ཀྲུང་གོའི་མདུད་པ”མཚོན་རྟགས་རང་བཞིན་གྱི་མཛེས་ལྡོངས་ཆེན་པོ་གསུམ་དང་ཕན་ཚུན་གཅིག་ལ་གཅིག་འདེགས་བྱས་ཏེ། མཛེས་སྡུག་ལྡན་པའི་ཡུལ་ལྟོངས་ཤིག་ཏུ་གྱུར་ཡོད། ཟམ་ཆེན་ཤར་གཏོང་བྱས་རྗེས་ཞང་གང་ནས་ཀྲུའུ་ཧའི་དང་ཨའོ་མོན་བར་གྱི་སྐམ་ལམ་ཐྲངས་འཁོར་གྱི་ལམ་ཐག་སྔོན་ཆད་ཀྱི་ཆུ་ཚོད3.5ནས་ད་ལྟའི་སྐར་མ45ལས་མི་དགོས་པས། ཞང་གང་དང་ཨའོ་མོན། ཀྲུའུ་ཧའི་བཅས་ས་ཁུལ་གསུམ་གྱིས་ལོ་ངོ35ལ་རེ་སྨྲུག་བྱས་པའི་ཕྱུགས་འདུན་མངོན་འགྱུར་བྱུང་ཡོད།

གང་ཀྲུའུ་ཨའོ་ཟམ་ཆེན་ནི་གོང་ཏུང་དང་ཞང་གང་། ཨའོ་མོན་བཅས་ས་ཁུལ་གསུམ་གྱིས་ཐེངས་དང་པོར་མཉམ་ལས་འཛུགས་སྐྲུན་བྱས་པའི་མཚོ་བརྒལ་འགྲིམ་འགྲུལ་བཟོ་སྐྲུན་ཆེ་གྲས་ཤིག་ཡིན། འཆར་འགོད་ནས་ལེགས་གྲུབ་བྱུང་བའི་བར་དུ་ལོ་ངོ14འགོར་ཞིང་། འཛམ་གླིང་སྟེང་གི་ལམ་ཐག་ཆེས་རིང་བ་དང་བྱིང་སྨྱུག་ཕུག་ལམ་ཆེས་རིང་བ། ཚོ་ཚད་ཆེས་རིང་བ། ངར་ལྷུགས་ཀྱི་སྒྲིག་གཞི་ཆེས་ཆེ་བ། བཟོ་སྐྲུན་གྱི་དཀའ་ཚད་ཆེས་ཆེ་བ། ལག་རྩལ་འདུས་ཚད་ཆེས་མཐོ་བ། ཚན་རིག་ཁེ་བེད་བདག་ཐོབ་དང་མ་འཇོག་དཔུལ་འབོར་ཆེས་མང་བའི་མཚོ་བརྒལ་ཟམ་ཆེན་ཞིག་ཡིན་པས་འཛམ་གླིང་གི་ཟིན་ཐོ་མང་པོ་བསྐྲུན་ཡོད། ཟམ་ཆེན་གྱི་རིང་ཚད་ལ་སྟོང་སྨི55ཡོད་པ་དང་དེའི་ནང་དུ་སྟོང་སྨི22.9ཡོད་པའི་ཟམ་པའི་བཟོ་སྐྲུན་དང་། ཤར་ནུབ་ཀྱི་མིས་བཟོས་གླིང་ཐྲན་གཉིས་དང་སྨི་ལེ6.7ཡོད་པའི་མཚོ་འོག་ཏུ་བྱིང་བའི་སྨྱུག་ལམ་ཡང་འདུས་ཡོད། ཟམ་པ་དང་གླིང་ཐྲན། ཕུག་ལམ་བཅས་གཞི་གཅིག་ཏུ་འདྲེས་ཏེ་གང་ཀྲུའུ་ཨའོ་ཟམ་ཆེན་གྱི་བཟོ་སྐྲུན་གཙོ་བོ་གྲུབ་པ་དང་། ཟམ་པ་དང་ཕུག་ལམ་ཤར་གཏོང་བྱས་པས་ཉི་དུས་ཏུན་ཁྲི10དང་རིང་དུས་ཏུན་ཁྲི30སྟུམ་གྱུ་ཤར་གཏོང་བྱེད་པའི་དགོས་མཁོ་སྐོང་ཐུབ། ཟམ་ཆེན་འཆར་འགོད་བེད་སྤྱོད་བྱེད་ཡུན་ལོ་ངོ120ཡིན་པ་དང་། ས་ཡོམ་རིམ་པ8དང་རྒྱ་མཚོའི་རླུང་འཚུབ་རིམ་པ16 ཏུན་ཁྲི30བཅས་ཀྱི་གནོད་གཏུག་དང་དེ་བཞིན་ཀྲུའུ་ཅང་གཙང་པོའི་ཁའི་ལོ་ངོ300རེར་ཐེངས་གཅིག་འཕྲད་པའི་ཆུ་ལོག་འགོག་ཐུབ།

14 南京长江大桥
ནན་ཅིན་འབྲི་ཆུའི་ཟམ་ཆེན།

南京长江大桥位于江苏省南京市鼓楼区下关和浦口区桥北之间，是南京的标志性建筑、江苏的文化符号，被列入新金陵四十八景。大桥上层为公路桥，长4589米，连通104国道、312国道等跨江公路，是沟通南京江北新区与江南主城的要道之一。下层为双轨复线铁路，全长6772米，连接津浦铁路与沪宁铁路干线，是国家南北交通要道和命脉。大桥由正桥和引桥两部分组成，可通过5000吨级海轮。

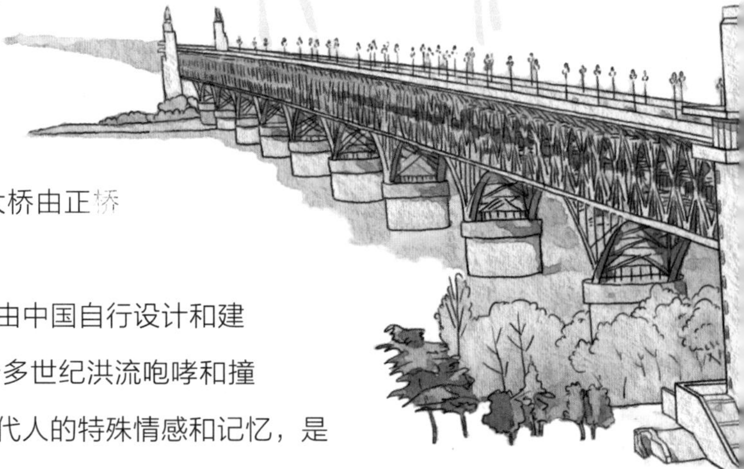

作为中华人民共和国成立以来长江上第一座由中国自行设计和建造的双层式铁路、公路两用桥梁，在经历了半个多世纪洪流咆哮和撞击后依然巍峨壮观。南京长江大桥承载着中国几代人的特殊情感和记忆，是中国经济建设的重要成就、中国桥梁建设的重要里程碑，在中国桥梁史和世界桥梁史上也具有重要意义。它不仅以“世界最长的公铁两用桥”被载入《吉尼斯世界纪录大全》，而且是见证中国崛起的精神之桥，是代表中国制造与大国工匠精神的经典之桥。2018年1月，南京长江大桥以“争气桥”之称入选中国工业遗产保护名录第一批名单。

ནན་ཅིན་འབྲི་ཆུའི་ཟམ་ཆེན་ནི་ཅང་སུའུ་ཞིང་ཆེན་ནན་ཅིན་གྲོང་ཁྱེར་ཀུའུ་ལིའུ་ཁུལ་གྱི་ཞ་ཀོན་དང་ཕུའུ་ཁོའུ་ཁུལ་གྱི་ཟམ་པའི་བྱང་ངོས་ཀྱི་བར་དུ་གནས་པ་དང་། ནན་ཅིན་ས་གནས་ཀྱི་མཚོན་རྟགས་རང་བཞིན་གྱི་བཟོ་སྐྲུན་དང་ཅང་སུའུ་ཡི་རིག་གནས་མཚོན་རྟགས་ཤིག་ཡིན་ལ། ཅིན་ལིང་གསར་པའི་མཛེས་ལྗོངས་བཞི་བཅུ་ཞེ་བརྒྱད་ནང་དུ་ཚུད་ཡོད། ཟམ་ཆེན་གྱི་གོང་རིམ་ནི་གཞུང་ལམ་ཟམ་པ་ཡིན་ཞིང་རིང་ཚད་ལ་སྨི4589ཡོད་པ་དང་། རྒྱལ་ལམ104དང་རྒྱལ་ལམ312སོགས་གཙང་པོ་བརྒལ་བའི་གཞུང་ལམ་དང་སྦྲེལ་མཐུད་བྱས་ཡོད་ཅིང་། ནན་ཅིན་གྱི་འབྲི་ཆུའི་བྱང་རྒྱུད་ཁུལ་གསར་དང་འབྲི་ཆུའི་ལྷོ་རྒྱུད་ཀྱི་གྲོང་ཁྱེར་གཙོ་བོར་འབྲེལ་གཏུགས་བྱེད་པའི་འགག་རྩའི་བགྲོད་ལམ་ཞིག་ཡིན། འོག་རིམ་ནི་ཉིས་གཤིབ་ཅན་གྱི་ལྕགས་ལམ་ཡིན་པ་དང་རིང་ཚད་ཧྲིལ་པོར་སྨི6772ཡོད། ཅིན་ཕུའུ་ལྕགས་ལམ་དང་ཧུའུ་ཉིང་ལྕགས་ལམ་གྱི་མ་ལམ་དང་སྦྲེལ་ཡོད་པས། རྒྱལ་ཁབ་ཀྱི་ལྷོ་བྱང་འགྲིམ་འགྲུལ་གྱི་གནད་འགག་དང་སྲོག་རྩ་ཡིན། ཟམ་ཆེན་ནི་གཞུང་ཟམ་དང་འདྲེན་ཟམ་གཉིས་ཀྱིས་གྲུབ་པ་དང་ཏུན5000རིམ་པའི་མཚོ་གྲུ་བརྒྱུད་ཆོག

ཀྲུང་ཧྭ་མི་དམངས་སྤྱི་མཐུན་རྒྱལ་ཁབ་དབུ་བརྙེས་པ་ནས་བཟུང་། འབྲི་ཆུའི་སྟེང་དུ་ཀྲུང་གོ་རང་ཉིད་ཀྱིས་འཆར་འགོད་དང་འཛུགས་སྐྲུན་བྱས་པའི་ཐོག་སོ་གཉིས་ལྡན་དང་ལྕགས་ལམ་དང་གཞུང་ལམ་གཉིས་སྤྱོད་ཀྱི་ཟམ་པ་དང་པོ་ཡིན་པའི་ཆ་ནས། དུས་

རབས་ཕྱེད་ཀ་ལྷག་ཙམ་གྱི་རླབས་རྒྱུན་གྱི་ངར་སྐད་དང་གདོང་གཏུག་ཁྲོད་དུ་སྲར་བཞིན་བརྟེད་ཉམས་ལྡན་པར་གནས་ཡོད། ནན་ཅིན་འབྲི་ཆུའི་ཟམ་ཆེན་གྱིས་ཀྲུང་གོའི་མི་རབས་ཁ་ཤས་ཀྱི་དམིགས་བསལ་བརྗེ་དྲུང་དང་དྲན་ཤེས་འཁྱུར་ཡོད་པ་དང་། ཀྲུང་གོའི་དཔལ་འབྱོར་འཛུགས་སྐྲུན་གྱི་གྲུབ་འབྲས་གལ་ཆེན་དང་ཀྲུང་གོའི་ཟམ་པ་འཛུགས་སྐྲུན་གྱི་རྗེ་རིང་གལ་ཆེན་ཞིག་ཀྱང་ཡིན་པས། ཀྲུང་གོའི་ཟམ་པའི་ལོ་རྒྱུས་དང་འཛམ་གླིང་གི་ཟམ་པའི་ལོ་རྒྱུས་སྟེང་དུ་དོན་སྙིང་གལ་ཆེན་ལྡན། འདི་ནི“འཛམ་གླིང་སྟེང་གི་གཞུང་ལྕགས་གཉིས་སྤྱོད་ཀྱི་ཟམ་པ་རིང་ཤོས”ཡིན་པས《ཅི་ཉི་སིའི་འཛམ་གླིང་ཟིན་ཐོ་ཆ་ཚང》ནང་དུ་བཀོད་པར་མ་ཟད། ཀྲུང་གོ་དར་རྒྱས་ཀྱི་དཔང་རྟགས་རང་བཞིན་མཚོན་པའི་ཟམ་པ་ཞིག་དང་། ཀྲུང་གོའི་བཟོ་སྐྲུན་དང་རྒྱལ་ཁབ་ཆེན་པོའི་བཟོ་པའི་སྙིང་སྟོབས་མཚོན་པའི་ཟམ་པ་ཞིག་ཀྱང་ཡིན། 2018ལོའི་ཟླ་དང་པོར་དེ་ལ“ལ་རྒྱ་རྩོད་པའི་ཟམ་པ”ཞེས་འབོད་པའི་ཀྲུང་གོའི་བཟོ་ལས་ཤུལ་བཞག་སྲུང་སྐྱོབ་མིང་གཞུང་གི་ཁག་དང་པོའི་མིང་ཐོའི་ནང་དུ་བདམས་ཡོད།

15 矮寨特大悬索桥

ཨའི་ཀྲའི་ཐེ་དཔྱང་ཟམ་ཆེན་མོ།

在漫长的历史中，“苗不出境，汉不入峒”的湘西因为山峰林立、地势陡峭而闻名于世。2012年，世界跨峡谷、跨径最大的钢桁梁悬索桥——湖南矮寨大桥正式建成通车，打通了内蒙古包头到广东茂名的南北通道，极大地带动了经济的发展，为人们的生活提供了便利，成为民族沟通与融合愈加紧密的见证，也让保留着许多奇特的自然和人文生态的湘西插上了腾飞的翅膀。

矮寨特大悬索桥如彩虹般横跨于湖南湘西的矮寨盘山公路和美丽的德夯大峡谷之上，是G65高速公路的关键控制性工程。大桥双塔间距1176米，桥面宽24.5米，桥面距谷底高度355米，创造了世界桥梁建设的四个第一：它是世界最大跨峡谷悬索桥，在国际上首次采用塔、梁完全分离新结构设计方案；首创“轨索滑移法”工艺架设钢桁梁，创造了高峡谷桥梁施工的新技术、新工艺；首次采用岩锚吊索结构，并采用碳纤维作为预应力筋材料，有效地改善了结构受力，并提高了结构耐久性；岩锚新材料的应用为国际最先采用的新技术。矮寨特大悬索桥的建成有力地推动了山区桥梁技术发展，是世界悬索桥建设史上的一座里程碑。

ལོ་རྒྱུས་རིང་པོའི་ཁྲོད་དུ། "མིའོ་རིགས་ཕྱི་རུ་མི་འགྲོ་བ་དང་རྒྱ་རིགས་ཕུག་ཏུ་མི་འགྲོ་བ"ཞེས་གྲགས་པའི་ཧྲུའུ་ནན་ནུབ་རྒྱུད་ནི་རི་བོ་མང་པོ་དང་ས་བབ་གཟར་བའི་དབང་གིས་འཛམ་གླིང་དུ་མཚན་སྙན་གྲགས་ཡོད། 2012ལོར་འཛམ་གླིང་གི་གྲོག་རོང་བརྒྱལ་བ་དང་ལམ་ཐག་ཆེས་རིང་བའི་ལྕགས་གདུང་དཔྱང་ཟམ་སྟེ་ཧྲུའུ་ནན་གྱི་ཨའེ་ཀྲའེ་ཟམ་ཆེན་དངོས་སུ་ལེགས་གྲུབ་བྱུང་སྟེ་རླངས་འཁོར་ཤར་གཏོང་བྱས་ཤིང་། ནང་སོག་གི་པའོ་ཐོའུ་ནས་ཀོང་ཀྲུང་གི་མའོ་མིང་བར་གྱི་ལྷོ་བྱང་བགྲོད་ལམ་ཤར་གཏོང་བྱས་པས། དཔལ་འབྱོར་འཕེལ་རྒྱས་ལ་སྐུལ་ཁྲིད་ཤུགས་ཆེན་ཐེབས་ནས་མི་རྣམས་ཀྱི་འཚོ་བར་སྟབས་བདེ་བསྐྲུན་པར་མ་ཟད། མི་རིགས་ཕན་ཚུན་བར་འབྲེལ་གཏུགས་དང་མཉམ་འདྲེས་དམ་ཟབ་ཡོང་བའི་དཔང་པོར་གྱུར་ཡོད་ལ། ངོ་མཚར་ཆེ་བའི་རང་བྱུང་དང་སྤྱི་ཚོགས་ཀྱི་རིག་གནས་སྐྱེ་ཁམས་སོར་བཞག་བྱས་ཡོད་པའི་ཧྲུའུ་ནན་ནུབ་རྒྱུད་དུ་འཕུར་སྐྱོད་བྱེད་པར་གསོག་ཟུང་སྤྲོད་བྱུང་།

ཨའེ་ཀྲའེ་ཐེ་དཔྱང་ཟམ་ཆེན་མོ་ནི་འཇའ་ཚོན་ལྟར་ཧྲུའུ་ནན་ཞང་ཞིས་ཀྱི་ཨའེ་ཀྲའེ་ཕན་ཧྲན་གཞུང་ལམ་དང་མཛེས་སྡུག་ལྡན་པའི་ཧི་ཏང་གྲོག་རོང་ཆེན་པོའི་སྟེང་དུ་འཕྲེད་བརྒྱལ་བྱས་ཡོད་ལ། G65མྱུར་བགྲོད་གཞུང་ལམ་གྱི་འགག་རྩའི་ཚོད་འཛིན་རང་བཞིན་གྱི་བཟོ་སྐྲུན་ཞིག་ཡིན། ཟམ་ཆེན་མདོང་གཉིས་ཀྱི་བར་ཐག་ལ་སྨི1176དང་། ཟམ་ངོས་ཀྱི་ཞེང་ཚད་ལ་སྨི24.5དང་ཟམ་ངོས་ནས་གྲོག་རོང་གི་མཐོ་ཚད་ལ་སྨི355བཅས་ཡོད་པས་འཛམ་གླིང་གི་ཟམ་པ་འཛུགས་སྐྲུན་གྱི་ཨང་དང་པོ་བཞི་བསྐྲུན་ཡོད་པ་སྟེ། དེ་ནི་འཛམ་གླིང་སྟེང་གི་ཆེས་ཆེ་བའི་གྲོག་རོང་བརྒྱལ་བའི་དཔྱང་ཟམ་ཡིན་པ་དང་། རྒྱལ་སྤྱིའི་ཐོག་ཏུ་མདུང་དང་གདུང་མ་ཕྱོགས་ཡོངས་ནས་སོ་སོར་དབྱེ་བའི་སྒྲིག་གཞི་གསར་བའི་འཆར་འགོད་ཧྲུས་གཞི་ཐོག་མར་སྤྱད་པ་དང་། "འདྲེད་ལམ་སྒོ་ཐབས"བཟོ་རྩལ་གྱི་སྒྲོམ་བཀོད་ལྕགས་གདུང་ཐོག་མར་གསར་གཏོད་བྱས་ཏེ་གྲོག་རོང་མཐོ་བའི་ཟམ་པ་བཟོ་སྐྲུན་གྱི་ལག་རྩལ་གསར་བ་དང་བཟོ་རྩལ་གསར་བ་བསྐྲུན་པ། ཐོག་མར་བྲག་རྡོའི་གཏིང་ཐག་གི་སྒྲིག་གཞི་སྤྱད་པར་མ་ཟད། ཐུན་ཚི་སྣ་སྦྱོན་འཇལ་ཤུགས་རྒྱུས་རྒྱུ་ཆ་བྱས་པས། ནུས་ཡོད་སྒོས་ཤུགས་ཐེབས་པར་ལེགས་བཅོས་བྱས་པ་དང་། སྒྲིག་གཞིའི་ཡུན་བརྟན་རང་བཞིན་ཇེ་མཐོར་བཏང་ཡོད། བྲག་རྡོ་རྒྱུ་ཆ་གསར་བའི་བཀོལ་སྤྱོད་ནི་རྒྱལ་སྤྱིའི་ཆེས་ཐོག་མར་བཀོལ་བའི་ལག་རྩལ་གསར་བ་ཞིག་ཡིན། ཨའེ་ཀྲའེ་ཐེ་དཔྱང་ཟམ་ཆེན་མོ་ལེགས་གྲུབ་བྱུང་བས། རི་ཁུལ་གྱི་ཟམ་པའི་ལག་རྩལ་འཕེལ་རྒྱས་ལ་སྐུལ་འདེད་ནུས་ལྡན་ཐེབས་པ་དང་། འདི་ནི་འཛམ་གླིང་གི་འཕྱང་ཟམ་འཛུགས་སྐྲུན་ལོ་རྒྱུས་ཐོག་གི་མཚོན་རྟགས་རྡོ་རིང་ཞིག་ཡིན།

16 苏通大桥

སུའུ་ཐུང་ཟམ་ཆེན།

连接苏州与南通两座古城的苏通大桥，是G15高速公路跨越长江的重要枢纽。它是国际桥梁工程的又一典范，2008年获得了“乔治·理查德森”国际桥梁大奖，是我国首个荣获该项国际奖项的工程项目。

可以说，没有自主创新，就没有苏通大桥。大桥前期工作始于1991年，2008年建成通车，针对建造中面临的“十大关键技术”，科学家们开展多领域、跨学科研究，使工程拥有大量自主创新知识产权。该大桥是当时中国建桥史上工程规模最大、综合建设条件最复杂的特大型桥梁工程。113座桥墩构成的跨江大桥，长达8146米，有92座桥墩立在江水之中，主航道净宽891米，桥净高62米，可通过5万吨级的集装箱货轮。最大群桩基础131根，创下世界上规模最大、入土最深的群桩基础纪录，并以世界斜拉桥最大主跨1088米、最长斜拉索577米、最高主桥塔300.4米的纪录拿下四项世界之最。苏通大桥的建成，标志着中国的造桥技术已达到国际顶级水平，跨入世界桥梁强国之行列。

སུའུ་ཀྲོའུ་དང་ནན་ཐུང་གནའ་གྲོང་གཉིས་སྦྲེལ་མཐུད་བྱེད་པའི་སུའུ་ཐུང་ཟམ་ཆེན་ནི། G15མྱུར་བགྲོད་གཞུང་ལམ་འབྲི་ཆུ་བརྒལ་བའི་འགག་རྩ་གལ་ཆེན་ཞིག་ཡིན་ཞིང་། དེ་ནི་རྒྱལ་སྤྱིའི་ཟམ་པའི་བཟོ་སྐྲུན་གྱི་དཔེ་མཚོན་ཞིག་ཡིན་པ་དང་། 2008ལོར"ཆའོ་ཀྲི•ལི་ཁྲ་ཧྲེ་སིན"རྒྱལ་སྤྱིའི་ཟམ་པའི་བྱ་དགའ་ཆེན་པོ་ཐོབ་ཅིང་། རང་རྒྱལ་གྱི་རྒྱལ་སྤྱིའི་བྱ་དགའ་དེ་ཉིད་ཐོབ་པའི་བཟོ་སྐྲུན་རྣམ་གྲངས་ཐོག་མ་ཡིན།

རང་བདག་གསར་གཏོད་མེད་ན་སུའུ་ཐུང་ཟམ་ཆེན་ཀྱང་མེད་ཅེས་བཤད་ཆོག་ལ། ཟམ་ཆེན་གྱི་དུས་མགོའི་ལས་དོན1991ལོ་ནས་མགོ་བརྩམས་པ་དང2008ལོར་ལེགས་གྲུབ་བྱུང་ནས་རླངས་འཁོར་ཤར་གཏོང་བྱས། ཚན་རིག་པ་ཚོས་བཟོ་སྐྲུན་ཁྲོད་དུ་འཕྲད་པའི"འགག་རྩའི་ལག་རྩལ་ཆེན་པོ་བཅུ"ལ་དམིགས་ཏེ། ཁྱབ་ཁོངས་མང་བ་དང་རིག་ཚན་ལས་བརྒལ་བའི་ཞིབ་འཇུག་བྱས་ཏེ་བཟོ་སྐྲུན་གྱི་རང་བདག་གསར་གཏོད་ཀྱི་ཤེས་བྱའི་བདག་དབང་འཐོར་ཆེན་ཐོབ་པས། ཟམ་ཆེན་འདི་ནི་སྐབས་དེའི་ཀྲུང་གོའི་ཟམ་པ་འཛུགས་སྐྲུན་ལོ་རྒྱུས་སྟེང་གི་བཟོ་སྐྲུན་གཞི་ཁྱོན་ཆེས་ཆེ་བ་དང་ཕྱོགས་བསྡུས་འཛུགས་སྐྲུན་གྱི་ཆ་རྐྱེན་རྙོག་འཛིང་ཆེས་ཆེ་བའི་ཟམ་པའི་བཟོ་སྐྲུན་ཆེ་གྲས་ཤིག་ཡིན། ཟམ་གདན113ལས་གྲུབ་པའི་གཙང་པོ་བརྒལ་བའི་ཟམ་ཆེན་གྱི་རིང་ཚད་ལ་སྨི8146ཡོད་པ་དང་། ཟམ་གདན92གཙང་པོའི་ནང་དུ་བཙུགས་ཡོད་ཅིང་། གྲུ་ལམ་གཙོ་བོའི་ཞེང་ཚད་ལ་སྨི891ཡོད། ཟམ་པའི་མཐོ་ཚད་ལ་སྨི62དང་ཧུན་ཁྲི5ཡི་དོས་སྨམ་ཐོག་འདྲེན་གྲུ་གཟིངས་བརྒྱུད་ཆོག ཆེས་མང་བའི་ཚོགས་ཕུར་གྱི་རྨང་གཞི131ཡོད་པས་འཛམ་གླིང་སྟེང་གི་གཞི་ཁྱོན་ཆེས་ཆེ་བ་དང་སའི་གཏིང་ཚད་ཆེས་ཟབ་པའི་ཚོགས་ཕུར་རྨང་གཞིའི་ཟིན་ཐོ་བསྐྲུན་པར་མ་ཟད། འཛམ་གླིང་གི་གསེག་འཐེན་ཟམ་པའི་ཆེས་ཆེ་བའི་བརྒལ་ཚད་སྨི1088དང་ཆེས་རིང་བའི་གསེག་འཐེན་ཐག་པ་སྨི577 ཆེས་མཐོའི་ཟམ་སྒྲོམ་སྨི300.4བཅས་ཀྱི་ཟིན་ཐོས་འཛམ་གླིང་གི་ཆེས་མཐོ་ཤོས་བཞི་བསྐྲུན་ཡོད། སུའུ་ཐུང་ཟམ་ཆེན་ལེགས་གྲུབ་བྱུང་བས། ཀྲུང་གོའི་ཟམ་པ་བཟོ་རྩལ་རྒྱལ་སྤྱིའི་ཆུ་ཚད་མཐོ་ཤོས་སུ་སླེབས་ནས་འཛམ་གླིང་གི་ཟམ་པའི་རྒྱལ་ཁབ་སྟོབས་ཆེན་གྱི་གྲས་སུ་སླེབས་པ་མངོན་པར་མཚོན་ནོ། །

17 北盘江大桥

ཟླ་པན་ཅང་ཟམ་ཆེན།

要说世界上最高的跨江大桥，当属我国的北盘江大桥了。坐落在云南宣威与贵州水城交界处的北盘江大桥，全长1341.4米，桥面到谷底垂直高度565.4米，相当于200层楼的高度。大桥主跨720米，东、西两岸的主桥墩高度分别为269米和247米，是世界最大跨径钢桁架梁斜拉桥，在同类型桥梁主跨的跨径中排名世界第二。2018年，北盘江大桥荣获第35届国际桥梁大会“古斯塔夫斯金奖”，并以“世界最高桥”之称载入《吉尼斯世界纪录大全》。

北盘江大桥自2012年开工建设以来，克服了沿线山峦叠嶂、沟谷纵横、地质复杂、气候恶劣等重重困难，采取了具有高流动性和良好的抗离析泌水能力的“智能”混凝土、云计算等高科技手段。它采用的纵移悬拼施工新工艺达到了国际领先水平。2016年建成通车后，云南宣威至贵州六盘水的车程从此前的4个多小时缩短到1个多小时，改变了贵州都格镇和云南普立乡隔江而望，两岸居民要翻越3座山头、走40公里山路才能到达对岸的历史，打通了黔、川、滇三省交界区域公路网，对助力“一带一路”具有重要意义。

འཛམ་གླིང་སྟེང་གི་གཙང་པོ་བརྒལ་བའི་ཟམ་ཆེན་མཐོ་ཤོས་ནི་རང་རྒྱལ་གྱི་པེ་ཕན་ཅང་ཟམ་ཆེན་ཡིན་ཞིང་། ཡུན་ནན་ཞོན་ལྷུའི་དང་ཀུའི་ཀྲོའུ་ཧྲུའི་ཁྲིན་འབྲེལ་མཚམས་སུ་གནས་པའི་པེ་ཕན་ཅང་ཟམ་ཆེན་གྱི་རིང་ཚད་ལ་སྨི1341.4ཡོད་པ་དང་། ཟམ་ངོས་ནས་གྲོག་རོང་ཞབས་མཐིལ་བར་གྱི་དྲང་འཕྱང་མཐོ་ཚད་ལ་སྨི565.4ཡོད་ཅིང་ཐོག་བརྩེགས200ཡི་མཐོ་ཚད་དང་གཅིག་མཚུངས་ཡིན། ཟམ་ཆེན་གྱི་གཙོ་བརྒལ་རིང་ཚད་ལ་སྨི720དང་། ཤར་དང་ནུབ་ངོགས་གཉིས་ཀྱི་ཟམ་གདན་གཙོ་བོའི་མཐོ་ཚད་སྨི269དང་སྨི247ཡོད། དེ་ནི་འཛམ་གླིང་སྟེང་གི་བརྒལ་ཚད་ཆེས་ཆེ་བའི་ལྕགས་སྒྲོམ་གདུང་མ་གསེག་འཐེན་གྱི་ཟམ་པ་ཡིན་ལ། རིགས་གཅིག་པའི་ཟམ་པའི་གཙོ་བརྒལ་གྱི་བརྒལ་ཐག་ཁྲོད་དུ་འཛམ་གླིང་གི་ཨང་གཉིས་པར་ཟིན་ཡོད། 2018ལོར་པེ་ཕན་ཅང་ཟམ་ཆེན་ལ་རྒྱལ་སྤྱིའི་ཟམ་པའི་ཚོགས་ཆེན་སྐབས་སོ་ལྔ་པའི"ཀུའུ་སི་ཐ་ཝུ་སི་གསེར་གྱི་བྱ་དགའ"ཐོབ་པ་དང་། དུས་མཚུངས་སུ"འཛམ་གླིང་གི་ཟམ་པ་མཐོ་ཤོས"ཞེས་པའི་མིང་ཐོགས་ནས《ཅི་ཉི་སིའི་འཛམ་གླིང་ཟིན་ཐོ་ཆ་ཚང》ཞེས་པའི་ནང་དུ་བཀོད་པའོ། །

པེ་ཕན་ཅང་གཙང་པོའི་ཟམ་ཆེན་འདི་ཉིད2012ལོར་བཟོ་སྐྲུན་ལས་མགོ་བརྩམས་པ་ནས་བཟུང་། ལམ་རྒྱུད་ཀྱི་རི་ལུང་མང་བ་དང་ལུང་ཤུར་འཕྲེད་གཞུང་མང་བ། ས་གཤིས་རྙོག་འཛིང་ཆེ་བ། གནམ་གཤིས་ཞན་པ་སོགས་ཀྱི་དཀའ་ངལ་སྣ་ཚོགས་ཁྱད་གསོད་བྱས་ཏེ། འཁོར་རྒྱུག་རང་བཞིན་ཆེ་བ་དང་དབྱེ་འབྱེད་ཆུ་ཟགས་འགོག་པའི་ནུས་པ་བཟང་པོ་ལྡན་པའི"རིག་ནུས"ཨར་འདམ་དང་སྲིན་རྩིས་སོགས་ཚན་རྩལ་མཐོ་གྲས་ཀྱི་ཐབས་ལམ་སྤྱད་ཡོད་ཅིང་། དེར་སྤྱད་པའི་གཞུང་སྲོར་དཔྱད་སྦྲེལ་བཟོ་སྐྲུན་གསར་བ་ནི་རྒྱལ་སྤྱིའི་སྔོན་ཐོན་ཆུ་ཚད་ལ་སླེབས་ཡོད། 2016ལོར་ལེགས་གྲུབ་བྱུང་སྟེ་རླངས་འཁོར་ཤར་གཏོང་བྱས་རྗེས། ཡུན་ནན་ཞོན་ལྷུའི་ནས་ཀུའི་ཀྲོའུ་ལིའུ་ཕན་ཧྲུའི་བར་གྱི་རླངས་འཁོར་ལམ་ཐག་ནི་སྔོན་ཆད་ཀྱི་དུས་ཚོད4ལྷག་ནས་ཇེ་ཐུང་དུ་ཕྱིན་ཏེ་ད་ལྟ་དུས་ཚོད1ཙམ་ལས་མི་དགོས་པས། ཀུའི་ཀྲོའུ་ཕུའུ་ཀེ་གྲོང་རྫལ་དང་ཡུན་ནན་ཕུའུ་ལི་ཞང་བར་གྱི་ཕར་ཚུར་མིག་གིས་མཐོང་ཡང་འགྲོ་མི་ཐུབ་པ་དང་། ངོགས་གཉིས་ཀྱི་སྔོད་དམངས་རི་ལུང་གསུམ་བརྒལ་དགོས་ཤིང་རི་ལམ་སྤྱི་ལེ40བསྐྱོད་ཚེ་གཞི་ནས་ཕ་རོལ་དུ་འབྱོར་ཐུབ་པའི་ལོ་རྒྱུས་ཀྱི་ཁ་ལོ་བསྒྱུར་ཡོད། ཀུའི་ཀྲོའུ་དང་སི་ཁྲོན། ཡུན་ནན་བཅས་ཞིང་ཆེན་གསུམ་གྱི་འབྲེལ་མཚམས་ས་ཁོངས་ཀྱི་གཞུང་ལམ་དྲ་བ་ཤར་གཏོང་བྱུང་བས"རྒྱུད་གཅིག་ལམ་གཅིག"རིམ་འདེགས་བྱེད་པར་དོན་སྙིང་གལ་ཆེན་ལྡན་ནོ། །

18 丹昆特大桥

དན་ཁུན་ཐེ་ཟམ་ཆེན།

美国知名旅行杂志《穷游天下》盘点了全球十大创纪录桥梁，中国的京沪高铁丹阳至昆山特大桥以“全球最长桥梁”的美誉上榜，比目前吉尼斯世界纪录所记载的世界第一长桥美国庞恰特雷恩湖桥还要长四倍多，成为世界第一长桥。

丹昆特大桥是一座铁路桥，位于京沪高铁江苏段，是京沪高速铁路的重要一环。起自丹阳，途经常州、无锡、苏州，终到昆山，横跨五个城市，全长164.851千米。因地质原因和节省土地的考虑，大桥全部采用高架桥梁通过，由4000多孔900吨箱梁构成。大桥纵贯苏南水面宽度在20米以上的河道有150余条，跨越各类型等级道路180余条，以现代化高速铁路桥的傲然姿态，跨越了整个苏南大地。这对于正积极谋求合作共赢“大太湖时代”的苏南来说，打开了一条新的通道，不仅加速了区域内资源的整合，促进了江苏地区的经济贸易，加快了城市之间的流通，还凭借交通优势，促进了整个长三角的经济繁荣发展。

ཨ་རིའི་ཡུལ་སྐོར་དུས་དེབ་གྲགས་ཆེན《གནམ་འོག་དབྱུལ་སྐོར》ཞེས་པའི་ནང་དུ་གོ་ལ་རྩིལ་པོའི་ཟིན་ཐོ་བསྐྲུན་པའི་ཟམ་པ་ཆེན་པོ་བཅུ་གཙང་བཤེར་བྱས་པས། ཀྲུང་གོའི་པེ་ཅིན་ནས་ཧྲང་ཧའེ་བར་གྱི་མྱུར་བགྲོད་ལྕགས་ལམ་ཏན་དབྱང་ནས་ཁུན་ཧྲན་ཐེ་བར་གྱི་ཟམ་ཆེན་ནི"གོ་ལ་རྩིལ་པོའི་ཟམ་པ་ཆེས་རིང་བ"ཞེས་པའི་མཚན་སྙན་ཐོབ་ཅིང་། མིག་སྔར་ཅི་ཉི་སིའི་འཛམ་གླིང་ཟིན་ཐོའི་ནང་བཀོད་པའི་འཛམ་གླིང་སྟེང་གི་ཆེས་རིང་བའི་ཟམ་པ་སྟེ་ཨ་རིའི་ཕང་ཆ་ཐེ་ལེ་ཨེན་མཚོའི་ཟམ་པ་དང་བསྡུར་ན་ད་དུང་ལྔབ་བཞི་ལྷག་ཙམ་གྱིས་རིང་བས། འཛམ་གླིང་སྟེང་གི་ཆེས་རིང་བའི་ཟམ་པར་གྱུར་ཡོད།

ཏན་ཁུན་ཐེ་ཟམ་ཆེན་ནི་ལྕགས་ལམ་ཟམ་པ་ཞིག་ཡིན་པ་དང་། པེ་ཅིན་ནས་ཧྲང་ཧའེ་བར་གྱི་མྱུར་བགྲོད་ལྕགས་ལམ་གྱི་ཅང་སུའུ་ས་ཚིགས་སུ་གནས། དེ་ནི་པེ་ཅིན་ནས་ཧྲང་ཧའེ་བར་གྱི་མྱུར་བགྲོད་ལྕགས་ལམ་གྱི་ལྷུ་ཚིགས་གལ་ཆེན་ཞིག་ཡིན། ཏན་དབྱང་ནས་མགོ་བཙུགས་ཏེ་ལམ་བར་ནས་ཁྲང་ཀྲོའུ་དང་ཝུའུ་ཞི། སུའུ་ཀྲོའུ་བཅས་བརྒྱུད་མཐར་ཁུན་ཧྲན་དུ་སླེབས་པ་དང་གྲོང་ཁྱེར་ལྔ་འཕྲེད་བརྒྱལ་བྱེད་ཅིང་། རིང་ཚད་ལ་སྤྱིང་སྨི164.851ཡོད། ས་གཤིས་ཀྱི་རྒྱུ་རྐྱེན་དང་ས་ཞིང་གྲོན་ཆུང་བྱེད་པར་བསམ་བློ་བཏང་ནས་ཟམ་ཆེན་ཡོངས་མཐོ་བཏེགས་ཟམ་ལམ་བརྒྱུད་ནས་ཁྲིང་བུ4000ལྷག་ཙམ་གྱི་སྐམ་གདུང་ཏུན900ཡིས་གྲུབ་པ་ཡིན། ཟམ་ཆེན་སུའུ་ནན་གྱི་ཆུ་ངོས་ཞེང་ཚད་སྨི20ཡན་ཡོད་པའི་ཆུ་ལམ150ལྷག་ཙམ་བརྒྱུད་དགོས་ཤིང་། རིམ་པ་ཁག་གི་གཞུང་ལམ180ལྷག་ཙམ་བརྒྱལ་ཏེ། དེང་རབས་ཅན་གྱི་མྱུར་བགྲོད་ལྕགས་ལམ་ཟམ་པའི་ཉམས་འགྱུར་མངོན་ནས་སུའུ་ནན་གྱི་ས་གཞི་ཆེན་པོ་རྩིལ་པོར་བརྒྱལ་ཡོད། འདིས་མཉམ་ལས་གཉིས་ཕན་གྱི"ཐའི་ཧུའུ་མཚོའུ་ཆེན་པོའི་དུས་རབས"དོན་གཉེར་བསྐྱོན་ལེན་བྱེད་བཞིན་པའི་སུའུ་ནན་གྱི་ངོས་ནས་བརྗོད་ན། བགྲོད་ལམ་གསར་པ་ཞིག་བཏོད་ནས་ས་ཁོངས་ཀྱི་ཐོན་ཁུངས་སྤྱད་སྤྲིལ་བྱེད་ཚད་ཇེ་མགྱོགས་སུ་བཏང་བར་མ་ཟད། ཅང་སུའུ་ས་ཁུལ་གྱི་དཔལ་འབྱོར་ལྟེ་ཚོང་ལ་སྐུལ་འདེད་ཐེབས་པ་དང་། གྲོང་ཁྱེར་བར་གྱི་འཁོར་རྒྱུག་ཇེ་མགྱོགས་སུ་བཏང་བའི་ཁར། ད་དུང་འགྲིམ་འགྲུལ་གྱི་ལེགས་ཆར་བརྟེན་ནས་འབྲི་ཆུའི་ཟུར་གསུམ་གླིང་རྩིལ་པོའི་དཔལ་འབྱོར་དར་རྒྱས་གོང་འཕེལ་ཡོང་བར་སྐུལ་འདེད་བཏང་ཡོད།

19 杭州湾跨海大桥

ཧང་ཀྲིའུ་མཚོ་ཁུག་གི་མཚོ་བརྒལ་ཟམ་ཆེན།

2008年5月，G15高速公路组成部分之一，横跨杭州湾、连接浙江嘉兴与宁波的杭州湾跨海大桥建成通车。大桥分别由海中平台、南北航道孔桥、水中区引桥、滩涂区引桥、陆地区引桥、各座桥塔及各立交匝道组成，全长36千米，桥梁总长35.7千米。借助西湖苏堤“长桥卧波”的美学理念，整座大桥的平面为S形曲线，在南北航道的通航处各呈一拱形，使大桥具有跌宕起伏的立面形状。

在与亚马孙河口、恒河河口并称世界著名强潮海湾的杭州湾架设当今世界上超长、工程量最大的跨海大桥，靠的是我国建设者的创新精神。36千米的长度，光桥孔就有643个，其规模超过美国的切皮克海湾桥和巴林道堤桥等世界名桥，是跻身世界12大奇迹的桥梁之一。大桥需混凝土量240多万立方米，相当于造8个国家大剧院的用量；用钢量需80多万吨，相当于造7个“鸟巢”的用量。在建造过程中，一个个中国创造跃然海上，开辟了跨海桥梁新材料、新工艺、新设备研制和开发的全新道路，让这座由我国自行投资、自行设计、自行管理、自行建造的特大型桥梁再一次惊艳世界。

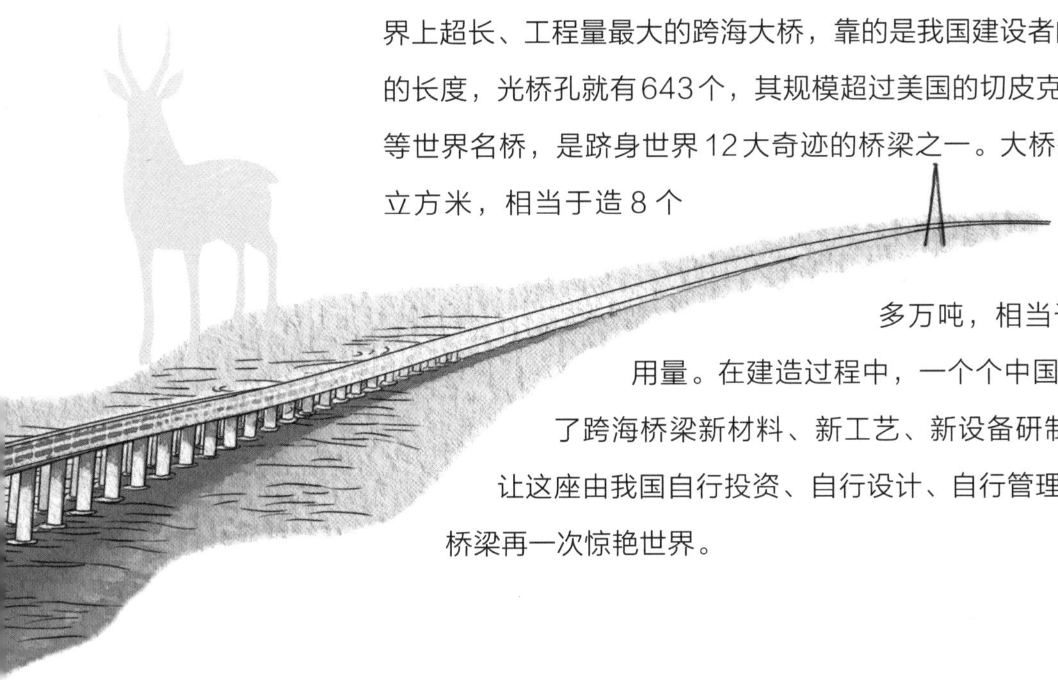

2008ལོའི་ཟླ5པར། G15མྱུར་བགྲོད་གཞུང་ལམ་གྱི་གྲུབ་ཆ་སྟེ་ཧང་ཀྲོའུ་མཚོ་ཁུག་འཕྲེད་བརྒྱལ་བྱས་ཤིང་ཀྲེ་ཅང་ཅ་ཞིན་དང་ཉིང་པོའི་སྤྲིལ་མཐུད་བྱེད་པའི་ཧང་ཀྲོའུ་མཚོ་ཁུག་གི་མཚོ་བརྒྱལ་ཟམ་ཆེན་ལེགས་གྲུབ་བྱུང་ནས་རླངས་འཁོར་ཤར་གཏོང་བྱུང་། ཟམ་ཆེན་ནི་མཚོ་དབུས་ལས་སྟེགས་དང་ལྕོ་བྱང་གྲུ་ལམ་གྱི་ཁུང་བུ་ཟམ་པ། རྒྱའི་དབུས་ཁུལ་གྱི་འདྲེན་ཟམ། གྲམ་ཐང་ཁུལ་གྱི་འདྲེན་ཟམ། སྐམ་སའི་ཁུལ་གྱི་འདྲེན་ཟམ། ཟམ་པའི་མདོང་ཁག་དང་དེ་བཞིན་ལངས་གཟུགས་བསྡོལ་མའི་སྤྲིལ་ལམ་བཅས་ལས་གྲུབ་པ་དང་། སྤྱིའི་རིང་ཚད་ལ་སྟོང་སྨི36ཡོད་པ་དང་སྤྱིའི་ཟམ་པའི་གདུང་མའི་རིང་ཚད་སྟོང་སྨི35.7ཡོད། ཞི་ཧྲུའུ་སུའུ་ཧྲེའི“ཟམ་རིང་རླབས་གཡོའི”མཛེས་དཔྱོད་རིག་པའི་འདུ་ཤེས་ལ་བརྟེན་ནས། ཟམ་ཆེན་ཧྲིལ་པོའི་ངོས་སྣོམསSདབྱིབས་ཀྱི་འཁྱོག་ཐིག་ཡིན་པ་དང་། ལྕོ་བྱང་གྲུ་ལམ་གྱི་ཤར་གཏོང་ས་ཚིགས་སོ་སོར་གཞུ་དབྱིབས་ཀྱི་རྣམ་པར་གྲུབ་པས། ཟམ་ཆེན་ལ་སྣང་གཤོངས་འཕར་ཆག་མེད་པའི་ལངས་ངོས་ཀྱི་རྣམ་པ་ལྡན།

ཆུ་བོ་ཡ་མ་ཞུན་གྱི་མདོ་དང་ཆུ་བོ་གངྒཱའི་མདོ་དང་མཚུངས་པར་འཛམ་གླིང་སྟེང་གི་སྐད་གྲགས་ཆེ་བའི་མཚོ་རླབས་དྲག་པོའི་མཚོ་ཁུག་ཅེས་བརྗོད་པའི་ཧང་ཀྲོའུ་མཚོ་ཁུག་ཏུ། དེང་སྐབས་འཛམ་གླིང་སྟེང་གི་ཆེས་རིང་བ་དང་བཟོ་སྐྲུན་གྱི་ཚད་ཆེས་ཆེ་ཤོས་ཀྱི་མཚོ་བརྒྱལ་ཟམ་ཆེན་བསྐྲུན་པ་ནི། རང་རྒྱལ་གྱི་འཛུགས་སྐྲུན་པའི་གསར་གཏོད་སྙིང་སྟོབས་ལ་བརྟེན་ནས་བྱུང་བ་ཡིན། སྟོང་སྨི36རིང་ཚད་ཡོད་པ་དང་ཟམ་ཁུང643ཡོད་པས། དེའི་གཞི་ཁྱོན་ཨ་རིའི་ཆེ་ཕི་ཁི་མཚོ་ཁུག་ཟམ་པ་དང་པ་ལིན་ཏའོ་ཆུ་རགས་ཟམ་པ་སོགས་འཛམ་གླིང་གི་ཟམ་པ་གྲགས་ཅན་ལས་བརྒྱལ་ཏེ། འཛམ་གླིང་གི་ངོ་མཚར་ཅན་གྱི་ཟམ་པ12གྲས་སུ་ཚུད་ཡོད། ཟམ་ཆེན་ལ་ཨར་འདམ་བསྲེས་ཚད་སྨི་ཀྲུ་དཔངས་གྲུ་བཞི་མ་ཁྲི240ལྷག་ནི་རྒྱལ་ཁབ་ཟློས་གར་ཁང་ཆེན་མོ8བསྐྲུན་པའི་བཀོལ་ཚད་དང་གཅིག་མཚུངས་ཡིན། ངར་ལྕགས་སྤྱོད་ཚད་ཏུན་ཁྲི80ལྷག་ནི“བྱ་ཚང”7བསྐྲུན་པའི་བཀོལ་ཚད་དང་གཅིག་མཚུངས་ཡིན། བཟོ་སྐྲུན་བརྒྱུད་རིམ་ཁྲོད་དུ། ཀྲུང་གོའི་གསར་གཏོད་རེ་རེར་མཚོ་སྟེང་ནས་གསལ་པོར་མངོན་ཏེ། མཚོ་བརྒྱལ་ཟམ་པའི་རྒྱུ་ཆ་གསར་པ་དང་བཟོ་རྩལ་གསར་པ། སྒྲིག་ཆས་གསར་པ་ཞིབ་བཟོ་དང་གསར་སྤེལ་བཅས་ཀྱི་ལམ་བུ་གསར་པ་བཏོད་དེ་རང་རྒྱལ་གྱིས་རང་ཤུགས་མ་འཛོག་དང་རང་ཤུགས་འཆར་འགོད། རང་ཤུགས་དོ་དམ། རང་ཤུགས་བཟོ་སྐྲུན་བཅས་ཀྱི་ཟམ་པ་ཆེ་གྲས་ཤིག་ཡིན་པས། ཡང་བསྐྱར་འཛམ་གླིང་དུ་བཀྲག་མདངས་འཚེར་བར་བྱས་སོ། །

20 青藏铁路
མཚོ་བོད་ལྕགས་ལམ།

青藏铁路，简称青藏线，是一条连接青海西宁至西藏拉萨的国铁Ⅰ级铁路，线路全长1956千米，穿越“千年冻土”区，是中国新世纪四大工程之一，也是通往西藏腹地的第一条铁路。

青藏铁路是一项“可与长城媲美”的伟大工程，大部分线路处于“生命禁区”和“无人区”，要克服多年冻土、高原缺氧、生态脆弱三大难题。它的建成凝结着无数建设者的智慧和艰辛付出，也承载了多项世界之最：穿越海拔4000米以上地段达960千米，最高作业高度5072米，成为世界上海拔最高铁路；穿越戈壁荒漠、沼泽湿地和雪山草原总里程达1142千米，成为世界上最长的高原铁路；穿越多年连续冻土里程达550千米，成为世界上穿越冻土里程最长的高原铁路；风火山隧道轨面海拔标高4905米，是目前世界上海拔最高的高原永久性冻土隧道；全长1686米的昆仑山隧道成为世界上最长的高原冻土隧道；列车在冻土地段行驶时速达到100公里每小时，是目前火车在世界高原冻土铁路上的最高时速…… 这些成果不仅展现着我们这个时代“挑战极限、勇创一流”的精神风貌，也为我国铁路建设史写下了辉煌的一页。

མཚོ་བོད་ལྕགས་ལམ་གྱི་བསྡུས་མིང་ལ་མཚོ་བོད་ལམ་ཞེས་བརྗོད་པ་དང་། དེ་ནི་མཚོ་སྔོན་ཟི་ལིང་ནས་བོད་ལྗོངས་ལྷ་ས་བར་གྱི་རྒྱལ་ཁབ་ཀྱི་ལྕགས་ལམIརིམ་པའི་ལྕགས་ལམ་ཞིག་ཡིན་པ་དང་། ལམ་ཐིག་རྩིལ་པོའི་རིང་ཚད་སྤྱང་སྨི1956ཡོད་པ་དང“ལོ་ངོ་སྟོང་གི་འཁྲུགས་ས”ཁུལ་བརྒྱུད་ཅིང་། གྲུང་གོའི་དུས་རབས་གསར་པའི་བཟོ་སྐྲུན་ཆེ་གྲས་བཞིའི་གྲས་ཀྱི་གཅིག་ཡིན་ཞིང་བོད་ཀྱི་དབུས་རྒྱུད་དུ་སྒྲིད་པའི་ལྕགས་ལམ་དང་པོའང་ཡིན།

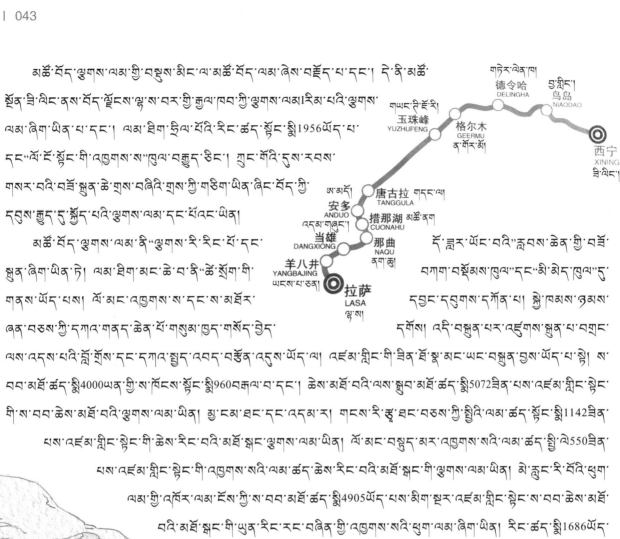

མཚོ་བོད་ལྕགས་ལམ་ནི“ལྕགས་རི་རིང་པོ་དང་ཏོ་བླར་ཡོང་བའི”ནབས་ཆེན་གྱི་བཟོ་སྐྲུན་ཞིག་ཡིན་ཏེ། ལམ་ཐིག་མང་ཆེ་བ་ནི“ཚེ་སྲོག་གི་བཀག་བསྡོམས་ཁུལ”དང“མི་མེད་ཁུལ”དུ་གནས་ཡོད་པས། ལོ་མང་འཁྲུགས་ས་དང་ས་མཐོར་དབྱང་དབུགས་དཀོན་པ། སྐྱེ་ཁམས་ཉམས་ཞན་བཅས་ཀྱི་དཀའ་གནད་ཆེན་པོ་གསུམ་ཁྲད་གསོད་བྱེད་དགོས། འདི་བསྐྲུན་པར་འཛུགས་སྐྲུན་པ་བགྲང་ལས་འདས་པའི་བློ་གྲོས་དང་དཀའ་སྤྱད་འབད་བརྩོན་འདུས་ཡོད་ལ། འཛམ་གླིང་གི་ཐེན་ཐོ་སྣ་མང་ཡང་བསྐྲུན་བྱས་ཡོད་པ་སྟེ། ས་བབ་མཐོ་ཚད་སྨི4000ཡན་གྱི་ས་ཁོངས་སྟོང་སྨི960བརྒལ་བ་དང་། ཆེས་མཐོ་བའི་ལམ་སྐྱབ་མཐོ་ཚད་སྨི5072ཟིན་པས་འཛམ་གླིང་སྟེང་གི་ས་བབ་ཆེས་མཐོ་བའི་ལྕགས་ལམ་ཡིན། མུ་ངམ་ཐང་དང་འདམ་ར། གངས་རི་རྫ་ཐང་བཅས་ཀྱི་སྤྱིའི་ལམ་ཚད་སྟོང་སྨི1142ཟིན་པས་འཛམ་གླིང་སྟེང་གི་ཆེས་རིང་བའི་མཐོ་སྒང་ལྕགས་ལམ་ཡིན། ལོ་མང་བསྟུད་མར་འཁྲུགས་སའི་ལམ་ཚད་སྤྱི་ལེ550ཟིན་པས་འཛམ་གླིང་སྟེང་གི་འཁྲུགས་སའི་ལམ་ཚད་ཆེས་རིང་བའི་མཐོ་སྒང་གི་ལྕགས་ལམ་ཡིན། མེ་ཧྲུང་རི་བོའི་ཕུག་ལམ་གྱི་འཁོར་ལམ་ངོས་ཀྱི་ས་བབ་མཐོ་ཚད་སྨི4905ཡོད་པས་མིག་སྔར་འཛམ་གླིང་སྟེང་ས་བབ་ཆེས་མཐོ་བའི་མཐོ་སྒང་གི་ཡུན་རིང་རང་བཞིན་གྱི་འཁྲུགས་སའི་ཕུག་ལམ་ཞིག་ཡིན། རིང་ཚད་སྨི1686ཡོད་པའི་ཁུ་ནུ་རི་བོའི་ཕུག་ལམ་ནི་འཛམ་གླིང་སྟེང་གི་མཐོ་སྒང་གི་འཁྲུགས་སའི་ཕུག་ལམ་ཆེས་རིང་བ་ཡིན། མེ་འཁོར་འཁྲུགས་སའི་ས་མཚམས་སུ་སྐྱོད་དུས་ཆུ་ཚོད་རེའི་མྱུར་ཚད་སྤྱི་ལེ100ཟིན་པས། འདི་ནི་མིག་སྔར་མེ་འཁོར་འཛམ་གླིང་གི་མཐོ་སྒང་འཁྲུགས་སའི་ལྕགས་ལམ་སྟེང་དུ་ཆུ་ཚོད་རེའི་མྱུར་ཚད་མཐོ་ཤོས་ཡིན་པ་སོགས་ཀྱི་གྲུབ་འབྲས་འདི་དག་གིས་ང་ཚོའི་དུས་རབས་འདིའི“ཚད་བརྒལ་ལ་འགྲན་སློང་དང་ཡང་རྩེར་བརྩོན་གཉེར”གྱི་བསམ་པའི་ཉམས་འགྱུར་མངོན་པར་མ་ཟད། རང་རྒྱལ་གྱི་ལྕགས་ལམ་འཛུགས་སྐྲུན་ལོ་རྒྱུས་སྟེང་དུ་འོད་སྟོང་འབར་བའི་ལེའུ་ཞིག་ཀྱང་བྲིས་ཡོད་དོ། །

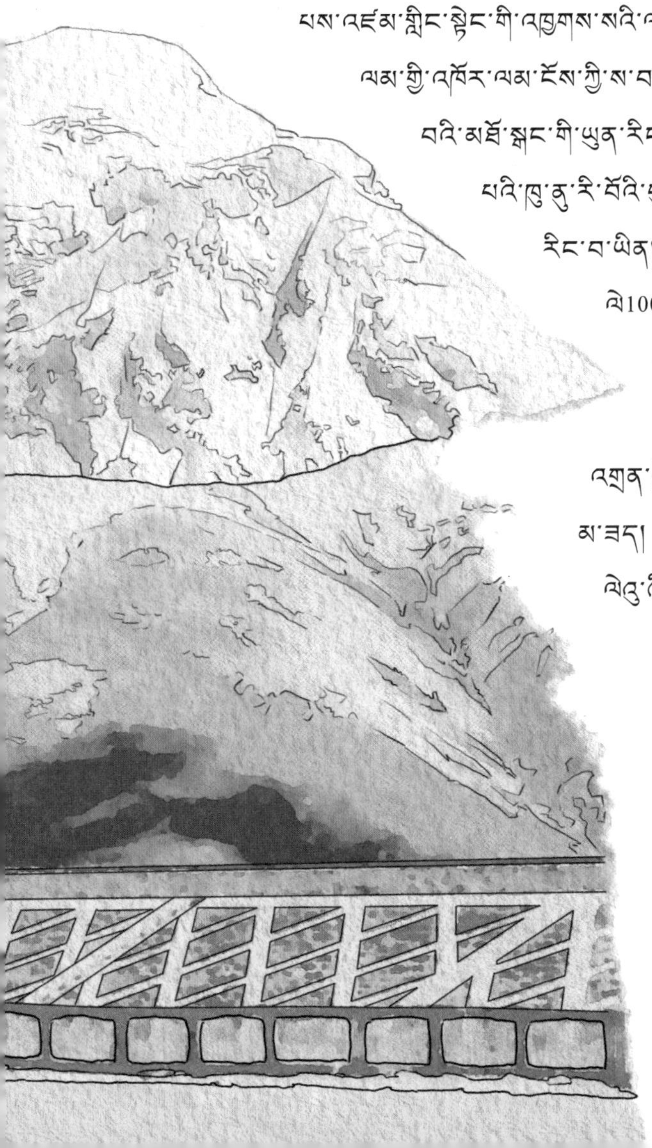

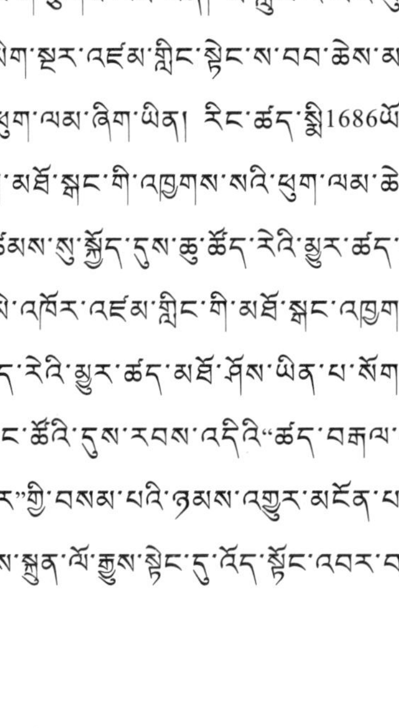

21 京沪高速铁路

པེ་ཅིན་ནས་ཧྲང་ཧའི་བར་གྱི་མྱུར་འགྲོད་ལྕགས་ལམ།

京沪高速铁路，简称京沪高铁，又名京沪客运专线，是一条连接北京市与上海市的高速铁路。它位于中国东部的华北和华东地区，两端连接京津冀和长三角两个经济区域，2011年6月建成通车。全长1318千米，设24个车站，沿线以平原为主，局部为低山丘陵区，经过海河、黄河、淮河、长江四大水系。所经区域人口100万以上城市11个，面积占国土面积的6.5%，是中国社会经济发展活跃的地区之一，也是中国客货运输较繁忙、增长潜力较大的客运专线。

京广高铁、兰新高铁、京沪高铁是目前中国最长的三条客运专线。京沪高铁是投资规模大、技术含量高的一项工程，它构建了中国高铁标准体系与技术体系，支撑了中国高速铁路的快速发展，打造了技术先进、安全可靠、性价比高的中国高铁品牌。京沪高速铁路的开通运营，创造了一次建成里程最长、线路标准最高、运行速度最快的世界纪录，代表着中国高速铁路技术创新、工程质量和管理等达到世界先进水平，成为中国的一张亮丽名片。

པེ་ཅིན་དང་ཧྲང་ཧའེ་བར་གྱི་མྱུར་བགྲོད་ལྕགས་ལམ་གྱི་བསྡུས་མིང་ལ་ཅིང་ཧུའུ་མྱུར་བགྲོད་ལྕགས་ལམ་ཞེས་འབོད་པ་དང་། མིང་གཞན་ལ་ཅིང་ཧུའུ་འགྲུལ་སྐྱེལ་ཆེད་ལམ་ཡང་ཟེར། དེ་ནི་པེ་ཅིན་གྲོང་ཁྱེར་དང་ཧྲང་ཧའེ་གྲོང་ཁྱེར་སྦྲེལ་མཐུད་བྱེད་པའི་མྱུར་བགྲོད་ལྕགས་ལམ་ཞིག་ཡིན་ཞིང་། ཀྲུང་གོའི་ཤར་རྒྱུད་ཀྱི་ཧྭ་པེ་དང་ཧྭ་ཏུང་ས་ཁུལ་དུ་གནས་པ་དང་། སྡེ་གཉིས་སུ་པེ་ཅིན་དང་ཐེན་ཅིན། ཧོ་པེ་བཅས་དང་འབྲི་ཆུའི་ཟུར་གསུམ་གླིང་གི་དཔལ་འབྱོར་ས་ཁོངས་གཉིས་སྦྲེལ་མཐུད་བྱས་ཡོད། 2011ལོའི་ཟླ6པར་ལེགས་གྲུབ་བྱུང་ནས་རླངས་འཁོར་ཤར་གཏོང་བྱས། སྤྱིའི་རིང་ཚད་ལ་སྤྱི་ལེ1318ཡོད་ཅིང་རླངས་འཁོར་འབབ་ཚུགས24བཙུགས་ཡོད། ལམ་རྒྱུད་དུ་བདེ་ཐང་གཙོ་བོ་ཡིན་པ་དང་ལུང་ཤས་སུ་རི་རྒྱུད་དམའ་བའི་རི་མ་ཐང་ས་ཁུལ་ཡིན། ལམ་བར་དུ་ཧའེ་ཧོ་ཆུ་བོ་དང་རྨ་ཆུ། ཧོའི་ཧོ་ཆུ་བོ། འབྲི་ཆུ་བཅས་ཆུ་རྒྱུད་ཆེན་པོ་བཞི་བརྒྱུད་པ་དང་། བརྒྱུད་དགོས་པའི་ས་ཁོངས་སུ་མི་འབོར་ཁྲི100ཡན་གྱི་གྲོང་ཁྱེར11ཡོད་པ་དང་རྒྱ་ཁྱོན་ནི་རྒྱལ་ཁབ་སྤྱིའི་རྒྱ་ཁྱོན་གྱི6.5%ཟིན་ཞིང་། ཀྲུང་གོའི་སྤྱི་ཚོགས་དང་དཔལ་འབྱོར་འཕེལ་རྒྱས་ལེགས་པའི་ས་ཁུལ་གྱི་གྲས་ཤིག་ཡིན་ལ། ཀྲུང་གོའི་འགྲུལ་ཟློག་སྐྱེལ་འདྲེན་བྲེལ་བ་ཆེ་བ་དང་འཕར་ཚད་མི་མཉམ་པའི་སྟོབས་ཤུགས་ཆེ་བའི་འགྲུལ་སྐྱེལ་ཆེད་སྤྱོད་ལམ་ཐིག་ཅིག་ཀྱང་ཡིན།

པེ་ཅིན་ནས་ཀོང་ཀྲུང་བར་གྱི་མྱུར་བགྲོད་ལྕགས་ལམ་དང་། ལན་ཞིན་མྱུར་བགྲོད་ལྕགས་ལམ། པེ་ཅིན་ནས་ཧྲང་ཧའེ་བར་གྱི་མྱུར་བགྲོད་ལྕགས་ལམ་བཅས་ནི་མིག་སྔར་ཀྲུང་གོའི་འགྲུལ་སྐྱེལ་ཆེད་སྤྱོད་ལམ་ཐིག་ཆེས་རིང་བ་གསུམ་ཡིན། པེ་ཅིན་ནས་ཧྲང་ཧའེ་བར་གྱི་མྱུར་བགྲོད་ལྕགས་ལམ་ནི་མ་འཛུགས་གཞི་ཁྱོན་ཆེ་བ་དང་ལག་རྩལ་འདུས་ཚད་མཐོ་བའི་བཟོ་སྐྲུན་ཞིག་ཡིན་པ་དང་། དེས་ཀྲུང་གོའི་མྱུར་བགྲོད་ལྕགས་ལམ་གྱི་ཚད་གཞིའི་མ་ལག་དང་ལག་རྩལ་མ་ལག་བཀོད་འཛུགས་བྱས་ཏེ། ཀྲུང་གོའི་མྱུར་བགྲོད་ལྕགས་ལམ་མགྱོགས་མྱུར་ངང་འཕེལ་རྒྱས་ཡོང་བར་བཏིགས་ནས། ལག་རྩལ་སྔོན་ཐོན་དང་བདེ་འཇགས་རྟེན་ཏུང་། སྤུས་གོང་བསྡུར་ཚད་མཐོ་བ་བཅས་ཀྱི་ཀྲུང་གོའི་མྱུར་བགྲོད་ལྕགས་ལམ་གྱི་སྤུས་རྟགས་བསྐྲུན་ཡོད། པེ་ཅིན་ནས་ཧྲང་ཧའེ་བར་གྱི་མྱུར་བགྲོད་ལྕགས་ལམ་ཤར་གཏོང་དང་འཁོར་གཉེར་བྱས་པས་ལམ་ཐག་ཆེས་རིང་བ་དང་ལམ་ཐིག་གི་ཚད་གཞི་ཆེས་མཐོ་བ། འཁོར་སྐྱོད་མྱུར་ཚད་ཆེས་མགྱོགས་པ་བཅས་ཀྱི་འཛམ་གླིང་གི་ཟིན་ཐོ་བསྐྲུན་པ་དང་། ཀྲུང་གོའི་མྱུར་བགྲོད་ལྕགས་ལམ་ལག་རྩལ་གསར་གཏོད་དང་བཟོ་སྐྲུན་སྤུས་ཚད། དོ་དམ་སོགས་འཛམ་གླིང་གི་སྔོན་ཐོན་ཆུ་ཚད་དུ་སླེབས་པ་མཚོན་པས། ཀྲུང་གོའི་བཀྲག་མདངས་འཚེར་བའི་མིང་བྱང་ཞིག་ཏུ་གྱུར་ཡོད་དོ། །

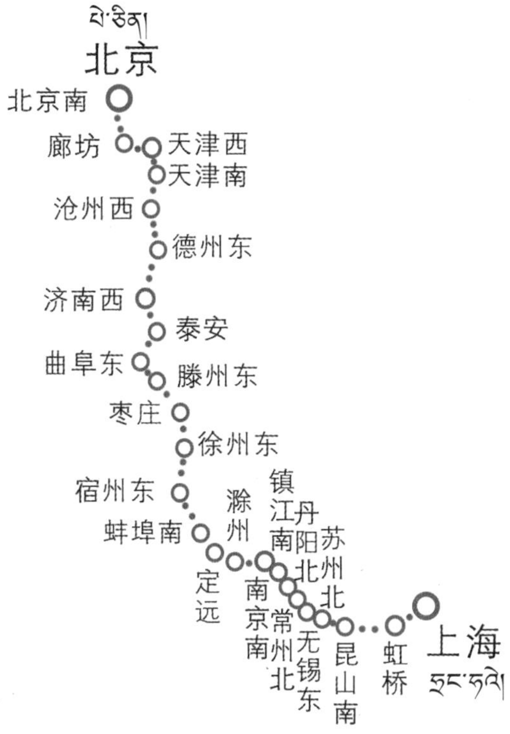

22 川藏公路

ཁྲིན་བོད་གཞུང་ལམ།

王安石在《游褒禅山记》中说道："世之奇伟、瑰怪、非常之观，常在于险远。"若说我国非同寻常的景观，能够一睹大自然的风采，最为典型的当属川藏公路，号称中国"最险峻的公路"。川藏公路东起四川省会成都，西止西藏首府拉萨，由中国的318、317、214、109国道的部分路线组成，全程近4500千米，最高点海拔超过5000米，海拔落差超过4500米。

这条"最险峻的公路"从1950年开始修建，用了19年的时间。北线2200公里，南线2300公里。之所以险峻，是因为修建时跨越14条河流，翻越21座海拔超过4000米的大山。因为水文气象、地质条件十分复杂，修建大军克服了很多难以想象的困难，才打通了这条进入西藏里程最长、最险的公路。川藏公路通车前，从拉萨到成都往返一次，靠人畜驮，冒风雪严寒，艰苦跋涉需半年到一年时间。通车后，大大促进了西藏经济建设的发展和人民生活的改善，改变了西藏长期封闭的状况，对于西藏经济建设具有极为重要的作用。

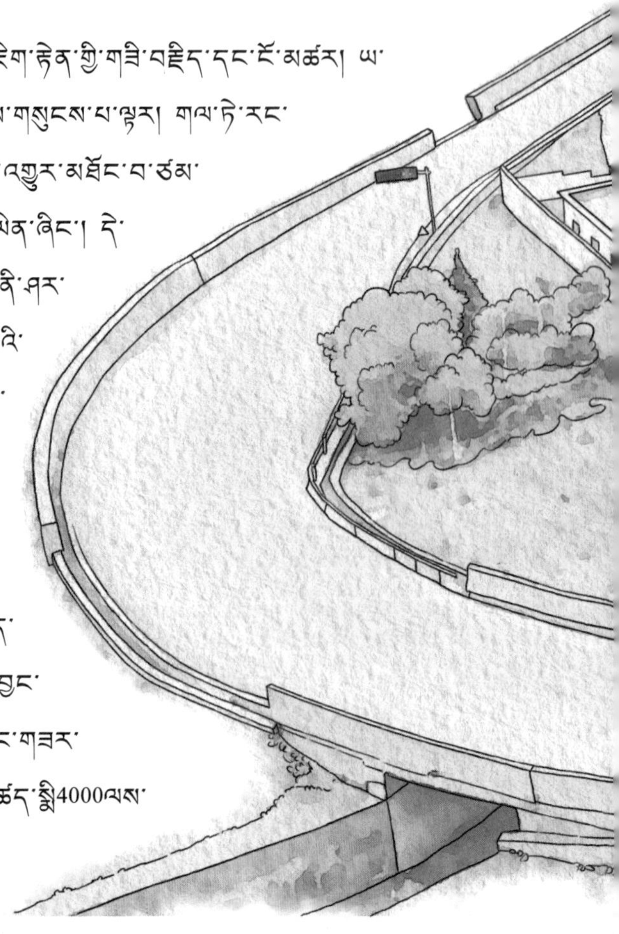

ཝང་ཨན་ཧྲི་ཡིས《པའོ་ཁྲན་རི་བོའི་ལྟ་སྐོར་ཟིན་ཐོ》ཞེས་པའི་ནང་དུ"འཇིག་རྟེན་གྱི་གཟི་བརྗིད་དང་ངོ་མཚར། ཡ་མཚན་གྱི་ལྟད་མོ་ནམ་ཡང་ཉེན་ཁ་ཆེ་བ་དང་ལམ་ཐག་རིང་བོའི་སར་ཡོད"ཅེས་གསུངས་པ་ལྟར། གལ་ཏེ་རང་རྒྱལ་གྱི་སྤྱིར་བཏང་མ་ཡིན་པའི་མཛེས་ལྗོངས་དང་རང་བྱུང་ཁམས་ཀྱི་ཉམས་འགྱུར་མཐོང་བ་ཙམ་གྱིས་མི་སེམས་སྐྱུལ་བའི་དཔེ་མཚོན་ནི་གང་ཡིན་ཞེ་ན། ཁྲིན་བོད་གཞུང་ལམ་ཡིན་ཞིང་། དེ་ལ"ཀྲུང་གོའི་ཉེན་ཁ་ཆེས་ཆེ་བའི་གཞུང་ལམ"ཞེས་གྲགས། ཁྲིན་བོད་གཞུང་ལམ་ནི་ཤར་སི་ཁྲོན་ཞིང་ཆེན་གྱི་ལྟེ་བའི་གྲོང་ཁྱེར་ཁྲིན་ཏུའུ་ནས་ནུབ་ཀྱི་བོད་ལྗོངས་ཀྱི་ལྟེ་བའི་གྲོང་ཁྱེར་ལྷ་སའི་བར་ཡིན། ཀྲུང་གོའི་རྒྱལ་ལམ318དང317 214 109བཅས་ཀྱི་བྱེ་བྲག་ལམ་ཐིག་ལས་གྲུབ་པ་དང་། ལམ་ཐག་ཧྲིལ་པོར་མཐོ་ཚད་སྟོང་སྤྱི4500ཙམ་ཟིན་ཞིང་ཆེས་མཐོ་བའི་ས་བབ་སྤྱི5000ལས་བརྒལ་བ། ས་བབ་ཀྱི་མཐོ་ཚད་ཁྱད་པར་སྤྱི4500ལས་བརྒལ་བ་ཡིན།

"ཉེན་ཁ་ཆེས་ཆེ་བའི་གཞུང་ལམ"འདི་ཉིད་ནི1950ལོ་ནས་བཟོ་སྐྲུན་བྱེད་མགོ་བརྩམས་པ་དང་ལོ་ངོ19ཡི་དུས་ཚོད་སྤྱད་དེ་ལེགས་གྲུབ་བྱུང་བ་ཡིན། བྱང་ཕྱོགས་ཀྱི་ལམ་ཐིག་སྤྱི་ལེ2200དང་ལྷོ་ཕྱོགས་ཀྱི་ལམ་ཐིག་སྤྱི་ལེ2300ཡོད། གཡང་གཟར་ཡིན་པའི་རྒྱུ་མཚན་ནི་བཟོ་སྐྲུན་བྱེད་སྐབས་ཆུ་བོ14བརྒལ་བ་དང་ས་བབ་མཐོ་ཚད་སྤྱི4000ལས་

བརྒྱལ་བའི་རི་བོ་ཆེན་པོ21བརྒྱལ་བ་ཡིན། ད་དུང་རྒྱ་དཔྱད་གནམ་གཤིས་དང་ས་གཤིས་ཆ་རྐྱེན་རྙོག་འཛིང་ཧ་ཅང་ཆེ་བས། བཟོ་སྐྲུན་དཔུང་ཆེན་གྱིས་བསམ་ཡུལ་ལས་འདས་པའི་དཀའ་ངལ་མང་པོ་ཁྱད་གསོད་བྱས་པས། ད་གཟོད་བོད་དུ་སྐྱོད་པའི་ལམ་ཐག་ཆེས་རིང་བ་དང་ཉེན་ཁ་ཆེས་ཆེ་བའི་གཞུང་ལམ་འདི་ཉིད་ཤར་གཏོང་བྱེད་ཐུབ་པ་བྱུང་། ཁྲིན་བོད་གཞུང་ལམ་སྟེང་དུ་རླངས་འཁོར་ཤར་གཏོང་མ་བྱས་པའི་སྔོན་ལ། ལྷ་ས་ནས་ཁྲིན་ཏུའུ་བར་དུ་ཕར་འགྲོ་ཚུར་འོང་ཐེངས་གཅིག་བྱེད་ན་མི་ཕྱུགས་ལ་བརྟེན་ནས་ཁལ་འགེལ་བ། གངས་ལྷགས་དང་གྲང་ངར་ལ་མ་འཛེམ་པར་དཀའ་སྤྱད་འགྲུལ་བཞུད་བྱས་ན། ལོ་ཕྱེད་ནས་ལོ་གཅིག་ཙམ་འགོར་དགོས་ཤིང་། རླངས་འཁོར་ཤར་གཏོང་བྱས་རྗེས། བོད་ལྗོངས་ཀྱི་དཔལ་འབྱོར་འཛུགས་སྐྲུན་གྱི་གོང་འཕེལ་དང་མི་དམངས་ཀྱི་འཚོ་བ་ཇེ་ལེགས་སུ་འགྲོ་བར་སྐུལ་འདེད་ཆེན་པོ་ཐེབས་ཏེ། བོད་ལྗོངས་ཀྱི་ཡུན་རིང་བཀག་སྡོམ་གྱི་གནས་ཚུལ་ལ་འགྱུར་ལྡོག་བྱུང་བ་དང་བོད་ལྗོངས་ཀྱི་དཔལ་འབྱོར་འཛུགས་སྐྲུན་ལ་ནུས་པ་ཧ་ཅང་ཆེན་པོ་ཐོན་ཡོད་དོ། །

23 上海港

ཧྲང་ཧའེ་གྲུ་ཁ།

港口是国际物流中十分重要的枢纽，世界十大港口排名中，中国占了7个。位列其中的上海港，是我国沿海的主要枢纽港，是中国第一、世界第三大港口。上海港位于长江三角洲前缘，居我国18000千米大陆海岸线的中部、扼长江入海口，地处长江东西运输通道与海上南北运输通道的交汇点，是我国对外开放、参与国际经济大循环的重要口岸。上海市外贸物资中99%经由上海港进出，每年完成的外贸吞吐量占全国沿海主要港口的20%左右。2018年，上海港港口货物吞吐量世界排名第二。2022年，上海港集装箱吞吐量突破4700万标准箱，连续12年领跑全球。

上海港历史非常悠久，可以追溯到隋朝初年，华亭设镇，上海地区最早的内河港口市镇形成。道光二十二年，《中英南京条约》签订，上海被定为5个通商口岸之一。1996年1月，上海启动建设国际航运中心。2005年12月10日，上海港洋山深水港区一期工程建成投产，为上海港成为一个综合性、多功能、现代化的大型主枢纽港，并跻身世界大港奠定了基础。

གྲུ་ཁ་ནི་རྒྱལ་སྤྱིའི་ཐོག་འགྲིམས་ཁྲོད་ཀྱི་འགག་རྩ་གལ་ཆེན་ཞིག་ཡིན། འཛམ་གླིང་གི་གྲུ་ཁ་ཆེ་གྲས་བཅུའི་ཁྲོད་དུ་ཀྲུང་གོས7ཟིན་ཡོད། དེའི་ནང་གི་ཧྲང་ཧའི་གྲུ་ཁ་ནི་རང་རྒྱལ་མཚོ་རྒྱུད་ཀྱི་གྲུ་ཁ་གཙོ་བོ་ཡིན་པ་དང་། ཀྲུང་གོའི་ཨང་དང་པོ་དང་འཛམ་གླིང་གི་ཨང་གསུམ་པའི་གྲུ་ཁ་ཆེ་གྲས་ཤིག་ཡིན། ཧྲང་ཧའི་གྲུ་ཁ་ནི་འབྲི་ཆུའི་ཟུར་གསུམ་གླིང་གི་མདུན་ཕྱོགས་སུ་གནས་པ་དང་། རང་རྒྱལ་གྱི་སྤྱི་ལེ18000ཡོད་པའི་སྐམ་སའི་མཚོ་འགྲམ་གྱི་དབུས་རྒྱུད་དང་འབྲི་ཆུ་འབབ་རྒྱུན་གྱི་མཚོ་ཁར་ཡོད་ཅིང་། འབྲི་ཆུའི་ཤར་ནུབ་སྐྱེལ་འདྲེན་བགྲོད་ལམ་དང་མཚོ་སྟེང་ལྷོ་བྱང་སྐྱེལ་འདྲེན་བགྲོད་ལམ་གྱི་འབྲེལ་མཚམས་སུ་གནས་ཡོད་པས། རང་རྒྱལ་གྱི་ཕྱི་ཕྱོགས་སྒོ་འབྱེད་དང་རྒྱལ་སྤྱིའི་དཔལ་འབྱོར་འཁོར་རྒྱུག་ཆེན་པོའི་ཁྲོད་དུ་ཞུགས་པའི་འགག་སྒོ་གལ་ཆེན་ཞིག་ཡིན། ཧྲང་ཧའི་གྲོང་ཁྱེར་གྱི་ཕྱི་ཕྱོགས་ནོ་ཚོང་གི་དངོས་ཟོག་ཁྲོད་ཀྱི99%ནི་ཧྲང་ཧའི་གྲུ་ཁ་ནས་ཕྱིར་གཏོང་ནང་འདྲེན་བྱེད་པ་དང་། ལོ་རེའི་ཕྱི་ཕྱོགས་ནོ་ཚོང་གི་འདོན་འཛུགས་བྱེད་ཚད་ཀྱིས་རྒྱལ་ཡོངས་མཚོ་རྒྱུད་ཀྱི་གྲུ་ཁ་གཙོ་བོའི20%ཡས་མས་ཟིན། 2018ལོར་ཧྲང་ཧའི་གྲུ་ཁའི་དངོས་ཟོག་འདོན་འཛུགས་བྱེད་ཚད་འཛམ་གླིང་གི་ཨང་གཉིས་པར་སླེབས་ཤིང་། 2022ལོར་ཧྲང་ཧའི་གྲུ་ཁའི་དོས་སྒམ་འདོན་འཛུགས་བྱེད་ཚད་ཀྱི་ཚད་ལྡན་སྒམ་ཁྲི4700ལས་བརྒལ་ཏེ་ལོ་ངོ12ལ་བསྟུད་མར་འཛམ་གླིང་ཧྲིལ་པོའི་མདུན་གྲལ་དུ་སླེབས་ཡོད།

ཧྲང་ཧའི་གྲུ་ཁའི་ལོ་རྒྱུས་ཧ་ཅང་རིང་ཞིང་། སུའི་རྒྱལ་རབས་ཀྱི་དུས་མགོར་ཁུངས་འདེད་བྱས་ཆོག ཧྭ་ཐིང་གྲོང་རྫལ་བཙུགས་པས་ཧྲང་ཧའི་ས་ཁུལ་གྱི་ཆེས་སྔ་བའི་ནང་རོལ་གཙང་པོ་གྲུ་ཁའི་གྲོང་རྫལ་ཆགས། ཏའོ་ཀོང་སྲིད་ལོ་ཉེར་གཉིས་པར《ཀྲུང་དབྱིན་ནན་ཅན་ཆིངས་ཡིག》བཞག་པ་དང་། ཧྲང་ཧའི་ནི་ཚོང་འགྲུལ་གྲུ་ཁ་ལྔའི་གྲས་སུ་གཏན་ཁེལ་བྱས། 1996ལོའི་ཟླ1པར། ཧྲང་ཧའི་ཡིས་རྒྱལ་སྤྱིའི་མཚོ་སྟེང་སྐྱེལ་འདྲེན་ལྟེ་གནས་འཛུགས་སྐྲུན་བྱེད་མགོ་བརྩམས། 2005ལོའི་ཟླ12པའི་ཚེས10ཉིན། ཧྲང་ཧའི་གྲུ་ཁའི་དབྱང་ཧྲན་གྱི་ཆུ་ཟབ་གྲུ་ཁའི་སྐབས་ཐེངས་དང་པོའི་བཟོ་སྐྲུན་ཐོན་སྐྱེད་བྱེད་མགོ་ཚུགས་པས། ཧྲང་ཧའི་གྲུ་ཁ་ནི་ཕྱོགས་བསྡུས་རང་བཞིན་དང་ནུས་པ་མང་བ། དེང་རབས་ཅན་བཅས་ཀྱི་ལྟེ་གནས་གྲུ་ཁ་ཆེ་གྲས་སུ་གྱུར་པར་མ་ཟད། འཛམ་གླིང་གི་གྲུ་ཁ་ཆེན་པོའི་གྲས་སུ་ཚུད་པར་རྨང་གཞི་བཏིང་ས་ཡོད།

24 大柱山隧道

ད་ཀྲུའུ་རི་བོའི་ཕུག་ལམ།

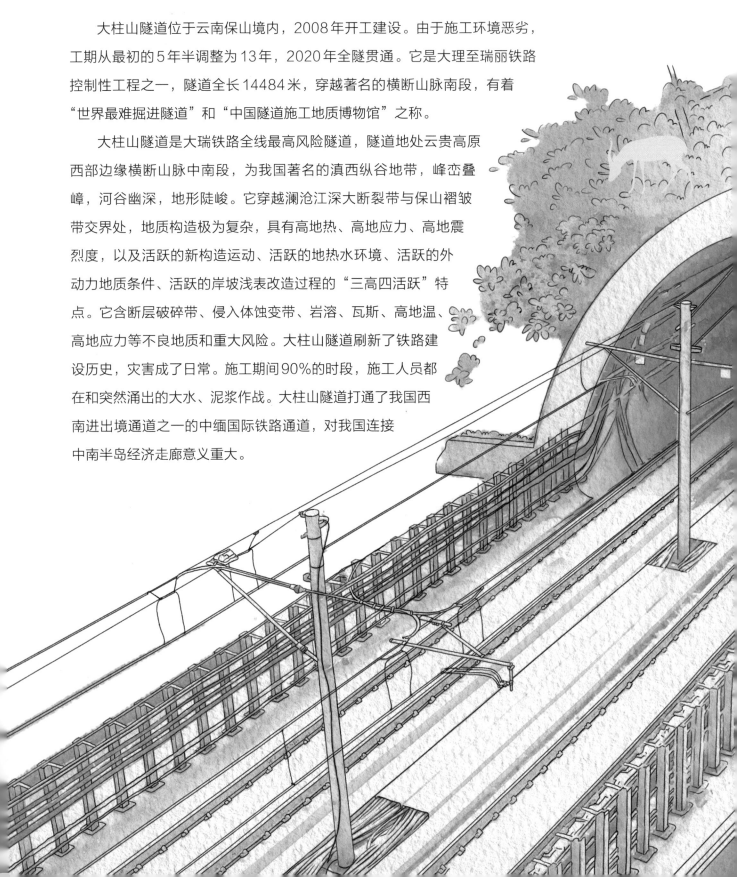

大柱山隧道位于云南保山境内，2008年开工建设。由于施工环境恶劣，工期从最初的5年半调整为13年，2020年全隧贯通。它是大理至瑞丽铁路控制性工程之一，隧道全长14484米，穿越著名的横断山脉南段，有着“世界最难掘进隧道”和“中国隧道施工地质博物馆”之称。

大柱山隧道是大瑞铁路全线最高风险隧道，隧道地处云贵高原西部边缘横断山脉中南段，为我国著名的滇西纵谷地带，峰峦叠嶂，河谷幽深，地形陡峻。它穿越澜沧江深大断裂带与保山褶皱带交界处，地质构造极为复杂，具有高地热、高地应力、高地震烈度，以及活跃的新构造运动、活跃的地热水环境、活跃的外动力地质条件、活跃的岸坡浅表改造过程的“三高四活跃”特点。它含断层破碎带、侵入体蚀变带、岩溶、瓦斯、高地温、高地应力等不良地质和重大风险。大柱山隧道刷新了铁路建设历史，灾害成了日常。施工期间90%的时段，施工人员都在和突然涌出的大水、泥浆作战。大柱山隧道打通了我国西南进出境通道之一的中缅国际铁路通道，对我国连接中南半岛经济走廊意义重大。

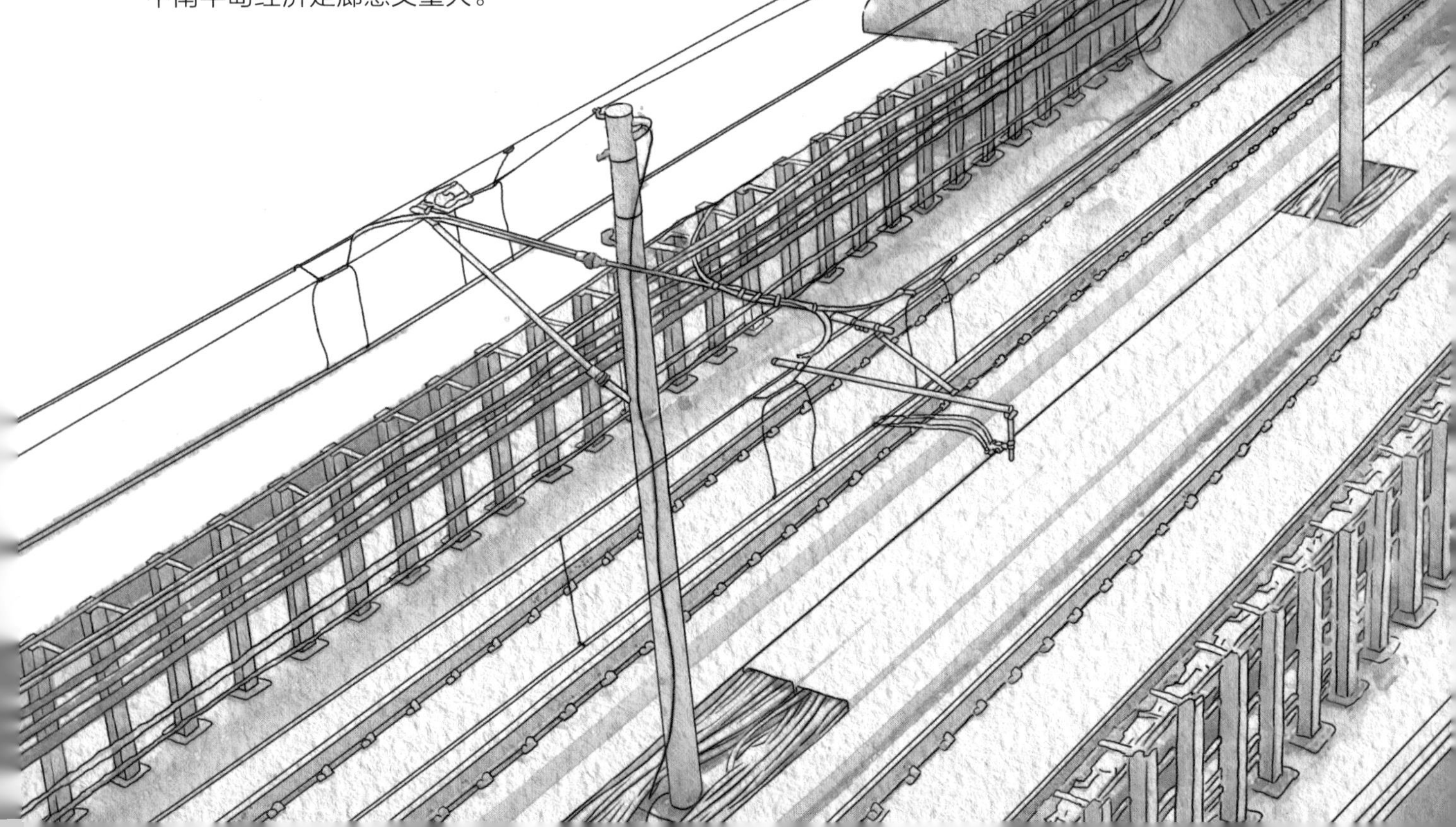

ཏ་ཀྲུའུ་རི་བོའི་ཕུག་ལམ་ནི་ཡུན་ནན་གྱི་པའོ་ཧྲན་ས་ཁོངས་སུ་གནས་པ་དང2008ལོར་སྐྲུན་མགོ་ཚུགས། བཟོ་སྐྲུན་ས་གནས་ཀྱི་ཁོར་ཡུག་ཞན་པའི་རྐྱེན་གྱིས་བཟོ་སྐྲུན་དུས་ཡུན་ནི་ཐོག་མའི་ལོ་ལྔ་དང་ཕྱེད་ཀ་ནས་ལོ13བསྒྱུར་བ་དང་། 2020ལོར་ཕུག་ལམ་ཧྲིལ་པོ་ལེགས་གྲུབ་ཤར་གཏོང་བྱས། དེ་ནི་ཏ་ལི་ནས་རུའེ་ལི་བར་གྱི་ལྕགས་ལམ་གྱི་ཚོད་འཛིན་རང་བཞིན་གྱི་བཟོ་སྐྲུན་གྲུས་ཤིག་ཡིན་པ་དང་། ཕུག་ལམ་གྱི་སྤྱིའི་རིང་ཚད་ལ་སྨི14484ཡོད་པ་དང་སྐད་གྲགས་ཆེ་བའི་ཧེང་ཏོ་རི་རྒྱུད་ཀྱི་ལྷོ་རྒྱུད་བར་མཚམས་བརྒྱུད་ཡོད། དེ་ལ"འཛམ་གླིང་སྟེང་གི་ཆེས་རྐྱོ་དཀའ་བའི་ཕུག་ལམ"དང"ཀྲུང་གོའི་ཕུག་ལམ་བཟོ་སྐྲུན་ས་གཤིས་དངོས་མང་བཤམས་སྟོན་ཁང"ཞེས་གྲགས།

ཏ་ཀྲུའུ་རི་བོའི་ཕུག་ལམ་ནི་ཏ་ལི་ནས་རུའེ་ལི་བར་གྱི་ལྕགས་ལམ་ཧྲིལ་པོའི་བར་མཚམས་ཀྱི་ཉེན་ཁ་ཆེས་ཆེ་ཤོས་ཀྱི་ཕུག་ལམ་ཞིག་ཡིན་པ་དང་། ཕུག་ལམ་ནི་ཡུན་ཀུའི་མཐོ་སྒང་ནུབ་རྒྱུད་མཐའ་མཚམས་ཀྱི་འཕྲེད་རྒྱུག་རི་རྒྱུད་ཀྱི་དབུས་ལྷོའི་བར་མཚམས་སུ་གནས་ཡོད་པ་དང་། རང་རྒྱལ་གྱི་མིང་གྲགས་ཆེ་བའི་ཡུན་ནན་ནུབ་རྒྱུད་ཀྱི་གཞུང་སའི་རི་བོ་མང་པོ་ཡོད་ཅིང་ཆུ་ལུང་མང་དུ་གནས་པ་དང་ས་བབ་གཡང་གཟར་ཆེ་བའི་གནས་ཡུལ་ཡིན། ཛ་ཆུའི་ཟབ་ཅིང་ཡངས་པའི་གས་སྲུབས་ས་རྒྱུད་དང་པའོ་ཧྲན་གྱི་ལྟེབ་གཉེར་ས་ཁྲུལ་གྱི་སྦྲེལ་མཚམས་སུ་གནས་པས་ས་གཤིས་ཀྱི་གྲུབ་ཚུལ་ཏ་ཅང་རྙོག་འཛིང་ཆེ་བ་དང་། ས་འོག་ཚ་ནུས་མཐོ་བ་དང་ས་རྒྱུའི་ཐེག་ཤུགས་མཐོ་བ། ས་ཡོམ་གྱི་ཤུགས་ཚད་མཐོ་བ་དང་དེ་བཞིན་དུ་འབྲུག་ཆ་དོད་པོའི་གྲུབ་ཚུལ་གསར་བའི་འགྱུལ་སྐྱོད་དང་། འབྲུག་ཆ་དོད་པོའི་ས་འོག་ཚ་ནུས་ཀྱི་ཆུའི་ཁོར་ཡུག འབྲུག་ཆ་དོད་པོའི་ཕྱི་རོལ་གྱི་སྐྱུལ་ཤུགས་ས་གཤིས་ཆ་རྐྱེན། འབྲུག་ཆ་དོད་པོའི་ངོགས་ལྡེབས་སྲབ་ངོས་བསྒྱུར་བཀོད་བྱེད་པའི་བརྒྱུད་རིམ་གྱི"མཐོ་གསུམ་འབྲུག་ཆ་དོད་པ་བཞི"ཡི་ཁྱད་ཆོས་ལྡན། དེའི་ནང་དུ་གས་སྲུབས་རྡུག་ཆག་ཐེབས་པའི་ས་རྒྱུད་དང་། རྡུལ་འགྱུར་དང་བྲག་ཞུན། ཕ་སི། ས་རྡོད་མཐོ་བ། ས་རྒྱུའི་ཐེག་ཤུགས་མཐོ་བ་སོགས་ས་གཤིས་མི་ལེགས་པ་དང་ཉེན་ཁ་ཚབས་ཆེན་གྱི་ས་རྒྱུད་འདུས། ཏ་ཀྲུའུ་རི་བོའི་ཕུག་ལམ་གྱིས་ལྕགས་ལམ་འཛུགས་སྐྲུན་གྱི་ལོ་རྒྱུས་གསར་བ་བཏོད་པ་དང་གནོད་འཚེ་ནི་རྒྱུན་གཏན་ཡིན་ནོ། །བཟོ་སྐྲུན་བྱེད་རིང་གི་དུས་ཚོད90%ནང་དུ་བཟོ་སྐྲུན་མི་སྣས་གློ་བུར་དུ་ཐོན་པའི་ཆུ་ལོག་དང་ས་འདམ་ལ་འཐབ་རྩོད་བྱེད་བཞིན་ཡོད། ཏ་ཀྲུའུ་རི་བོའི་ཕུག་ལམ་གྱིས་རང་རྒྱལ་གྱི་ལྷོ་ནུབ་ཀྱི་ས་མཚམས་ནས་ཕར་འགྲོ་ཚུར་འོང་བྱེད་པའི་བགྲོད་ལམ་སྟེ་ཀྲུང་འབར་རྒྱལ་སྤྱིའི་ལྕགས་ལམ་བགྲོད་ལམ་ཤར་གཏོང་བྱས་པས། རང་རྒྱལ་གྱིས་ཀྲུང་གོ་དང་ཡ་གླིང་ལྷོ་དབུས་ཕྱེད་གླིང་གི་དཔལ་འབྱོར་བར་ཁྲམས་སྦྲེལ་མཐུད་བྱེད་པར་དོན་སྙིང་གལ་ཆེན་ལྡན་ནོ། །

25 秦岭终南山公路隧道
ཚིན་ལིན་ཀྲུང་ནན་རི་བོའི་གཞུང་ལམ་ཕུག་ལམ།

我国地形多样，山区众多，而且幅员辽阔。因此，交通就是影响山区人民生活条件的一大因素，比如秦岭。据说，千古名作《蜀道难》是李白送友人王炎入蜀而写的，诗人站在其高万仞的秦岭脚下，仰头张望发出的感叹便是："危乎高哉！蜀道之难，难于上青天！"2001年动工建设，2007年竣工运营的秦岭终南山公路隧道打通了这千年天堑，人们驱车15分钟就能穿越秦岭这一天然屏障，让"不与秦塞通人烟"成为过去式。

秦岭终南山公路隧道是我国陕西省境内一条连接西安市与商洛市的穿山通道，位于秦岭终南山，为包头——茂名高速公路组成部分。隧道采用双洞双线设计，单洞全长18020米，安全等级一级，隧道结构设计使用年限一百年，是世界上最长的双洞高速隧道，也是我国第一座自主设计、施工、监管的技术水平最高的世界型隧道。此外，秦岭终南山公路隧道还是世界上口径最大，深度最深的通风工程。秦岭终南山公路隧道的建成通车，既方便了群众安全快捷出行，带动了当地的经济发展，也让我国拥有了建造高难度隧道的经验和世界首创技术，让世界又一次对中国刮目相看。

རང་རྒྱལ་གྱི་ས་བབ་སྣ་མང་ཞིང་རི་ཁུལ་ཏ་ཅང་མང་བར་མ་ཟད་མངའ་ཁོངས་ཀྱང་རྒྱ་ཆེན་པོ་ཡོད། དེ་བས་འགྲིམ་འགྲུལ་ནི་རི་ཁུལ་མི་དམངས་ཀྱི་འཚོ་བའི་ཆ་རྐྱེན་ལ་ཤུགས་རྐྱེན་ཐེབས་པའི་རྒྱུ་རྐྱེན་གལ་ཆེན་ཞིག་ཡིན་ཏེ། དཔེར་ན་ཆིན་ལིན་ལྷ་བྱུ། བཤད་སྲོལ་ལྟར་ན། གནའ་བོའི་བརྩམས་ཆོས་གྲགས་ཅན《ཧྲུའུ་ལམ་བགྲོད་དཀའ》ཞེས་པ་ནི་སྙན་ངག་པ་ལི་པའེ་ཡིས་གྲོགས་པོ་ལྷང་ཡན་ཧྲུའུ་ཡུལ་སྐྱེལ་མ་བྱེད་དུས་བྲིས་པ་ཞིག་ཡིན་ཞིང་། སྙན་ངག་པ་རི་བོ་མཐོན་པོ་ཆིན་ལིན་རི་བོའི་འདབས་སུ་ལངས་ནས་མགོ་བོ་ཡར་བཀྱགས་ཏེ་བལྟས་རྗེས། "ཉེན་ཁ་ཆེའང་། ཧྲུའུ་ལམ་བགྲོད་དཀའ་སྟེ། གནམ་སྟོན་པོར་སླེབས་དཀའ་བ་བཞིན་བགྲོད་དཀའ"ཞེས་བཤད་སྐྱོང་། 2001ལོར་ལས་མགོ་ཚུགས་པ་དང2007ལོར་ལས་མཇུག་སྒྲིལ་ནས་འཁོར་གཏོང་བྱས་པའི་ཆིན་ལིན་རི་བོའི་གཞུང་ལམ་ཕུག་ལམ་གྱིས་ལོ་ངོ་སྟོང་གི་འོབས་ཆེན་བཤགས་པ་དང་། མི་རྣམས་རླངས་འཁོར་ལ་བསྡད་ནས་སྐར་མ15སོང་ན་ཆིན་ལིན་གྱི་རང་བྱུང་སྲུང་ཡོལ་བཀྲལ་ཐུབ་པས། "ཆིན་སའི་མི་དང་དུ་བ་མཐོང་དཀའ་བའི"རྣམ་པ་མ་གཞི་ནས་བསྒྱུར་ཚར་བ་ཡིན།

ཆིན་ལིན་ཀྲུང་ནན་རི་བོའི་གཞུང་ལམ་ཕུག་ལམ་ནི་རང་རྒྱལ་ཧྲའན་ཞི་ཞིང་ཆེན་ས་ཁོངས་ཀྱི་ཞི་ཨན་གྲོང་ཁྱེར་དང་ཧྲང་ལུའོ་གྲོང་ཁྱེར་སྦྲེལ་མཐུད་བྱེད་པའི་རི་བརྒྱལ་བགྲོད་ལམ་ཞིག་ཡིན་པ་དང་། དེ་ནི་ཆིན་ལིན་ཀྲུང་ནན་རི་བོར་གནས་པ་དང་པའོ་ཐོའུ་ནས་མའོ་མིང་བར་གྱི་མྱུར་བགྲོད་གཞུང་ལམ་གྱི་གྲུབ་ཆ་ཞིག་ཡིན། ཕུག་ལམ་ནི་ཕུག་ལམ་གཉིས་དང་ལམ་ཐིག་ཉིས་གཤིབ་ལྟར་འཆར་འགོད་བྱས་ཡོད་ཅིང་། ཕུག་ལམ་རྐྱང་པའི་རིང་ཚད་ལ་སྨི18020དང་བདེ་འཛུགས་རིམ་ཚད་དང་པོ་ཡིན། ཕུག་ལམ་གྱི་སྒྲིག་གཞིའི་འཆར་འགོད་བེད་སྤྱོད་ལོ་ཚད་ལོ་བརྒྱ་ཡིན་པ་དང་དེ་ནི་འཛམ་གླིང་སྟེང་གི་ཆེས་རིང་བའི་ཕུག་གཉིས་ཀྱི་མྱུར་བགྲོད་ཕུག་ལམ་ཡིན་ལ། རང་རྒྱལ་གྱིས་རང་བདག་འཆར་འགོད་དང་བཟོ་སྐྲུན། ལྟ་སྐྲུལ་དོ་དམ་བཅས་ཀྱི་ལག་རྩལ་ཆུ་ཚད་ཆེས་མཐོ་བའི་འཛམ་གླིང་རིམ་པའི་ཕུག་ལམ་དང་པོའང་ཡིན། གཞན་ད་དུང་ཆིན་ལིན་ཀྲུང་ནན་རི་བོའི་གཞུང་ལམ་ཕུག་ལམ་ནི་འཛམ་གླིང་སྟེང་གི་ཁ་ཚད་ཆེས་ཆེ་བ་དང་གཏིང་ཚད་ཆེས་ཟབ་པའི་རླུང་རྒྱུག་བཟོ་སྐྲུན་ཡིན། ཆིན་ལིན་ཀྲུང་ནན་རི་བོའི་གཞུང་ལམ་ཕུག་ལམ་བསྐྲུན་ནས་རླངས་འཁོར་ཤར་གཏོང་བྱས་པས། མང་ཚོགས་བདེ་འཛུགས་དང་མགྱོགས་མྱུར་ངང་ཕྱིར་སྐྱོད་བྱེད་པར་སྟབས་བདེ་བསྐྲུན་ཞིང་། ས་གནས་དེ་གའི་དཔལ་འབྱོར་འཕེལ་རྒྱས་ལ་སྐུལ་ཁྲིད་ཐེབས་ཡོད་ལ། རང་རྒྱལ་ལ་དཀའ་ཚོགས་ཆེ་བའི་ཕུག་ལམ་བསྐྲུན་པའི་ཉམས་མྱོང་ཐོབ་པ་དང་འཛམ་གླིང་གི་ཐོག་མའི་གསར་གཏོད་ལག་རྩལ་ལྡན་པས། ཡང་བསྐྱར་འཛམ་གླིང་གིས་ཀྱང་གོར་ལྟ་སྟངས་གསར་པ་ཞིག་འཛིན་དགོས་བྱུང་ངོ།།

26 松山湖隧道
སུང་ཧྲན་མཚོ་འུའི་ཐུག་ལམ།

最初，隧道是因采矿、渡江过海、军事需要而发展起来的。现代隧道建设还用于铁路、公路、水下运输和其他物流目的，给我们的生活带来了非常多的便利，原本需要绕路的地方，打个隧道就能节省很多时间。但隧道建设因为地质构造等原因而存在非常大的难度，遇到很多困难，入围全球十大最长隧道的松山湖隧道便是其中之一。

松山湖隧道全长38.8公里，世界排名第五，亚洲第三。它位于莞惠城际线路的松山湖段，包括6座地下车站和7段地下区间，长度为38.821千米，于2016年建成。松山湖隧道的施工难度之大、方法之多，世界罕见。它采用明挖、暗挖、盾构三种方法施工，并穿越城区下的房屋、市政道路、管线等。国内外修建的城际铁路隧道的长度、地质情况及周边环境复杂程度均不及松山湖隧道，被业内专家称为“全国铁路最长隧道”，堪称铁路隧道的“地质博物馆”。不得不说，它是人类工程的又一个奇迹。

དང་ཐོག་ཞུགས་ལམ་འདི་ནི་གཏེར་ཁ་སྔོག་འདོན་དང་འབྲི་ཆུ་བརྒལ་བ། དམག་དོན་གྱི་དགོས་མཁོ་བཅས་ཀྱི་དབང་གིས་འཕེལ་རྒྱས་བྱུང་བ་ཡིན་ལ། དེང་རབས་ཞུགས་ལམ་འཛུགས་སྐྲུན་ནི་ད་དུང་ལྕགས་ལམ་དང་གཞུང་ལམ། ཆུ་འོག་སྐྱེལ་འདྲེན། ཐོག་འགྲེམས་སོགས་དམིགས་ཡུལ་གཞན་པའི་ཐད་ལ་སྤྱོད་བཞིན་ཡོད་པས། ང་ཚོའི་འཚོ་བར་སྐབས་བདེ་ཧ་ཅང་མང་པོ་བསྐྲུན་ཡོད་ཅིང་། སྔོན་ཆད་ལམ་བསྐོར་ནས་བགྲོད་དགོས་པའི་ས་ཆར་ཞུགས་ལམ་ཞིག་བསྐྲུན་ན་དུས་ཚོད་མང་པོ་གྲོན་ཆུང་བྱེད་ཐུབ་པ་ཡིན། འོན་ཀྱང་ཞུགས་ལམ་འཛུགས་སྐྲུན་གྱི་ས་གཤིས་གྲུབ་ཚུལ་སོགས་ཀྱི་དབང་གིས་དཀའ་ཁག་ཧ་ཅང་ཆེན་པོ་ཡོད་པ་དང་དཀའ་ངལ་མང་པོར་འཕྲད་བཞིན་ཡོད། འཛམ་གླིང་ཐིལ་པོའི་ཞུགས་ལམ་རིང་ཤོས་བཅུའི་ནང་དུ་ཚུད་པའི་སུང་ཏྲན་མཚོའུའི་ཞུགས་ལམ་ནི་དེའི་གྲས་ཀྱི་གཅིག་ཡིན།

སུང་ཏྲན་མཚོའུའི་ཞུགས་ལམ་གྱི་སྤྱིའི་རིང་ཚད་ལ་སྤྱི་ལེ38.8ཡོད་པ་དང་འཛམ་གླིང་གི་ཨང་ལྔ་པ་དང་ཨེ་ཤ་ཡའི་ཨང་གསུམ་པ་ཡིན། དེ་ནི་དབྱིན་ཧྲུའི་གྲོང་ཁྱེར་དབར་གྱི་ལམ་ཐིག་གི་སུང་ཏྲན་མཚོའུའི་བར་མཚམས་སུ་གནས། དེའི་ནང་དུ་ས་འོག་མེ་འཁོར་འབབ་ཚུགས6དང་ས་འོག་དུམ་མཚམས7ཚུད་ཡོད་ཅིང་རིང་ཚད་སྟོང་སྨི38.821ཡོད་པ་དང་། 2016ལོར་ལེགས་གྲུབ་བྱུང་བ་ཡིན། སུང་ཏྲན་མཚོའུ་ཞུགས་ལམ་གྱི་བཟོ་སྐྲུན་དཀའ་ཚད་ཆེ་བ་དང་བྱེད་ཐབས་མང་བ་ནི་འཛམ་གླིང་ཡོངས་སུ་མཐོང་དཀོན་པ་ཞིག་ཡིན། འདིས་མདོན་སྔོག་དང་གསང་སྔོག ཞུབ་གྲུབ་བཅས་ཀྱི་བྱེད་ཐབས་གསུམ་སྤྱད་དེ་བཟོ་སྐྲུན་བྱས་པར་མ་ཟད། གྲོང་ཁྲུལ་གྱི་ཁང་བ་དང་གྲོང་ཁྱེར་གྱི་བགྲོད་ལམ། གློག་སྐུད་སོགས་བརྒྱུད་དགོས། རྒྱལ་ཁབ་ཕྱི་ནང་གིས་བསྐྲུན་པའི་གྲོང་ཁྱེར་དབར་གྱི་ལྕགས་ལམ་ཞུགས་ལམ་གྱི་རིང་ཚད་དང་ས་གཤིས་གནས་ཚུལ། དེ་བཞིན་མཐའ་འཁོར་གྱི་ཁོར་ཡུག་རྙོག་འཛིང་ཆེ་བའི་ཚད་ཚང་མ་སུང་ཏྲན་མཚོའུའི་ཞུགས་ལམ་ལས་བརྒལ་ཐུབ་པ་མེད་པས། ལས་རིགས་ནང་ཁྲུལ་གྱི་ཆེད་མཁས་པས"རྒྱལ་ཡོངས་ལྕགས་ལམ་གྱི་ཞུགས་ལམ་ཆེས་རིང་བ"ཞེས་བརྗོད་པ་དང་ལྕགས་ལམ་ཞུགས་ལམ་གྱི"ས་གཤིས་དངོས་མང་བཤམས་སྟོན་ཁང"ཞེས་འབོད་ཅིང་། འདི་ནི་མིའི་རིགས་ཀྱི་བཟོ་སྐྲུན་གྱི་ངོ་མཚར་བ་ཞིག་ཡིན་ཞེས་མི་བཤད་ཐབས་མེད་དོ། །

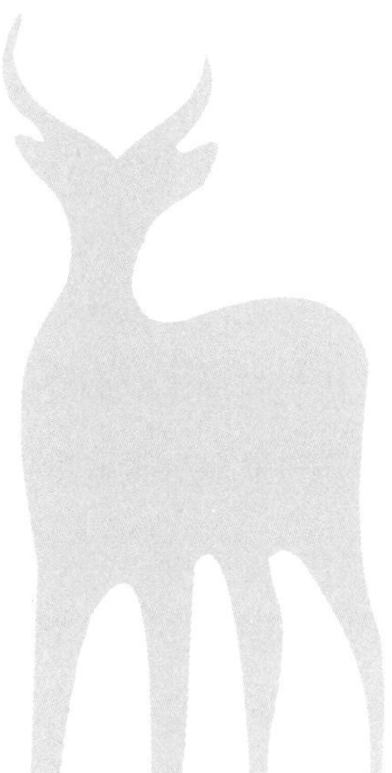

27 新疆天山胜利隧道

ཤིན་ཅང་ཐེན་ཧྲན་རི་བོའི་རྒྱལ་ཁའི་ཕུག་ལམ།

2022年岁末，一条令人振奋的消息从新疆天山传向全国各地：世界在建最长高速公路隧道——天山胜利隧道进口端右洞突破4000米大关，进入最后冲刺阶段。作为乌尉高速公路的“咽喉”工程，天山胜利隧道建成后穿越天山仅需约20分钟，乌鲁木齐与库尔勒的车程将从7个多小时缩短至约3小时。建成后将打通南北疆交通运输屏障，对于加快丝绸之路经济带发展，促进南北疆经济发展和区域优势资源开发具有重要意义。

天山胜利隧道地处高寒高海拔地区，穿越天山山脉，是乌鲁木齐至尉犁高速公路项目关键性控制工程。隧道从被称为“死亡路段”的216国道老虎口垭口下面1000多米的山体中开挖，全长22.035公里。在建设过程中，为了解决地质环境复杂、气候恶劣、长距离施工通风、复杂物料运输、断层破碎带等多种困难，采用“三洞+四竖井”施工法，服务隧道采用TBM硬岩掘进机施工，为左右双主洞开辟辅助工作面，实现“长隧短打”，为打通隧道提供了先进的科学支持。

2022ལོའི་ཟླ་མཇུག་ཏུ་མི་སེམས་ལ་སྐྱུལ་མ་ཐེབས་པའི་ཆ་འཕྲིན་ཞིག་ཤིན་ཅང་ཐེན་ཧྲན་རི་བོའི་བརྒྱུད་དེ་རྒྱལ་ཡོངས་ས་གནས་ཁག་ཏུ་ཁྱབ་ཡོད་པ་སྟེ། འཛམ་གླིང་སྟེང་སྐྱུན་བཞིན་པའི་མྱུར་བགྲོད་གཞུང་ལམ་གྱི་ཕུག་ལམ་རིང་ཤོས་ཏེ་ཐེན་ཧྲན་རི་བོའི་རྒྱལ་ཁའི་ཕུག་ལམ་གྱི་ནང་འཇུག་གཡས་དོང་སྨི4000ཡི་འགག་སྒྲོལ་ཆེན་པོ་ལས་བརྒལ་ནས་མཇུག་མཐའི་མཚོང་རྒོལ་དུས་མཚམས་སུ་སླེབས་ཡོད། དེ་ནི་ཝུའུ་ཝུའི་མྱུར་བགྲོད་གཞུང་ལམ་གྱི“འགག་སྒོ”བཟོ་སྐྲུན་ཞིག་ཡིན་པའི་ཆ་ནས། ཐེན་ཧྲན་རི་བོའི་རྒྱལ་ཁའི་ཕུག་ལམ་བསྐྲུན་རྗེས་ཐེན་ཧྲན་རི་བོ་བརྒལ་བར་སྐར་མ20ཙམ་ལས་འགོར་གྱི་མེད། ཝུའུ་ལུའུ་མུའུ་ཆི་དང་ཁུའེར་ལེ་བར་གྱི་བགྲོད་ཐག་ཆུ་ཚོད7ལྷག་ཙམ་ནས་ཆུ་ཚོད3ཙམ་ཐུང་དུ་འགྲོ་རྒྱུ་རེད། བསྐྲུན་རྗེས་ཤིན་ཅང་ལྷོ་བྱང་བར་གྱི་འཁྲིམ་འགྲུལ་སྐྱེལ་འདྲེན་སྣང་ཡོལ་ཤར་གཏོང་ཐུབ་རྒྱུ་ཡིན་པས་དར་གོས་ཚོང་ལམ་དཔལ་འབྱོར་ཁུལ་འཕེལ་རྒྱས་མགྱོགས་སུ་གཏོང་རྒྱུ་དང་། ཤིན་ཅང་ལྷོ་བྱང་བར་གྱི་དཔལ་འབྱོར་འཕེལ་རྒྱས་དང་ས་ཁོངས་ཀྱི་ལེགས་ལྡན་ཐོན་ཁུངས་གསར་སྤེལ་ལ་སྐྱུལ་འདེད་གཏོང་རྒྱུར་དོན་སྙིང་གལ་ཆེན་ལྡན་ཡོད།

ཐེན་ཧྲན་རི་བོའི་རྒྱལ་ཁའི་ཕུག་ལམ་ནི་གྲང་ཆེ་ས་མཐོའི་ས་ཁུལ་དུ་གནས་ཤིང་། ཐེན་ཧྲན་རི་བོའི་རི་རྒྱུད་བརྒལ་བ་ནི་ཝུའུ་ལུའུ་མུའུ་ཆི་ནས་ཡུའི་ལི་བར་གྱི་མྱུར་བགྲོད་གཞུང་ལམ་རྣམ་གྲངས་ཀྱི་འགག་རྩའི་རང་བཞིན་གྱི་ཚོད་འཛིན་བཟོ་སྐྲུན་ཞིག་རེད། ཕུག་ལམ་དེ“ཤི་བའི་ལམ་དུམ”ཞེས་བརྗོད་པའི་རྒྱལ་ལམ213ཀྱི་ལའོ་ཏུའུ་ཁོའུ་ལ་ཉག་འོག་གི་སྨི1000ལྷག་ཙམ་གྱི་རི་བོ་སྔོག་འདོན་བྱས་པ་དང་རིང་ཚད་ཧྲིལ་པོར་སྤྱི་ལེ22.035ཡོད། འཛུགས་སྐྲུན་བྱེད་པའི་གོ་རིམ་ཁྲོད་དུ། ས་གཤིས་ཁོར་ཡུག་རྙོག་འཛིང་ཆེ་བ་དང་། གནམ་གཤིས་ཞན་པ། བར་ཐག་རིང་བའི་ཨར་ལས་རླུང་རྒྱུད། རྙོག་འཛིང་ཆེ་བའི་དངོས་རྫས་སྐྱེལ་འདྲེན། ཚད་རིམ་གྲུམ་གཏོར་ཁུལ་སོགས་ཀྱི་དཀའ་ངལ་སྣ་ཚོགས་སེལ་ཆེད། “དོང་གསུམ+གསེག་ཁྲིན་བཞིའི”ཨར་ལས་བྱེད་ཐབས་སྤྱད་པ་དང་། ཞབས་ཞུའི་ཕུག་ལམ་ལTBMབྲག་རྡོ་སྦྱ་མོ་ཀོ་འབྱུའི་འཕྲུལ་འཁོར་སྤྱད་དེ་ཨར་ལས་བྱས་ནས་གཡས་གཡོན་གྱི་དོང་ལམ་གཙོ་བོ་ཟུང་ཞོར་འདེགས་ལས་ཀའི་ངོས་སུ་བཏོད་དེ། “ཕུག་ལམ་རིང་པོར་ཐུང་དུ་རྟོལ་བ”མངོན་འགྱུར་བྱུང་སྟེ་ཕུག་ལམ་ཤར་བགྲོད་ཐུབ་རྒྱུར་སྔོན་ཐོན་གྱི་ཚན་རིག་རྒྱབ་སྐྱོར་མགོ་འདོན་བྱས་ཡོད་པ་རེད།

28 南水北调工程
ལྷོ་ཆུ་བྱང་འདྲེན་བཟོ་སྐྲུན།

1952年，毛泽东主席视察黄河时提出：“南方水多，北方水少，如有可能，借点水来也是可以的。”自此，在分析比较50多种方案后，调水方案获得一大批富有价值的成果。南水北调工程通过三条调水线路与长江、黄河、淮河和海河四大江河的联系，构成以“四横三纵”为主体的总体布局，优化水资源配置、促进区域协调发展，是我国缓解北方水资源严重短缺的投资额最大、涉及面最广的重大战略性工程。

南水北调工程分东线、中线、西线三条调水线。西线工程在青藏高原上，为黄河上中游的西北地区和华北地区补水。中线工程从长江支流汉江中上游的丹江口水库引水，自流供水给黄淮海平原大部分地区。东线工程从江苏扬州江都水利枢纽提水，供水到华北地区。南水北调工程规划的东、中、西线干线总长度达4350千米。东、中线一期工程干线总长为2899千米，沿线六省市一级配套支渠约2700千米。截至2021年，已累计向北方调水近500亿立方米，受益人口达1.4亿人，40多座大中型城市的经济发展格局因调水得到优化。

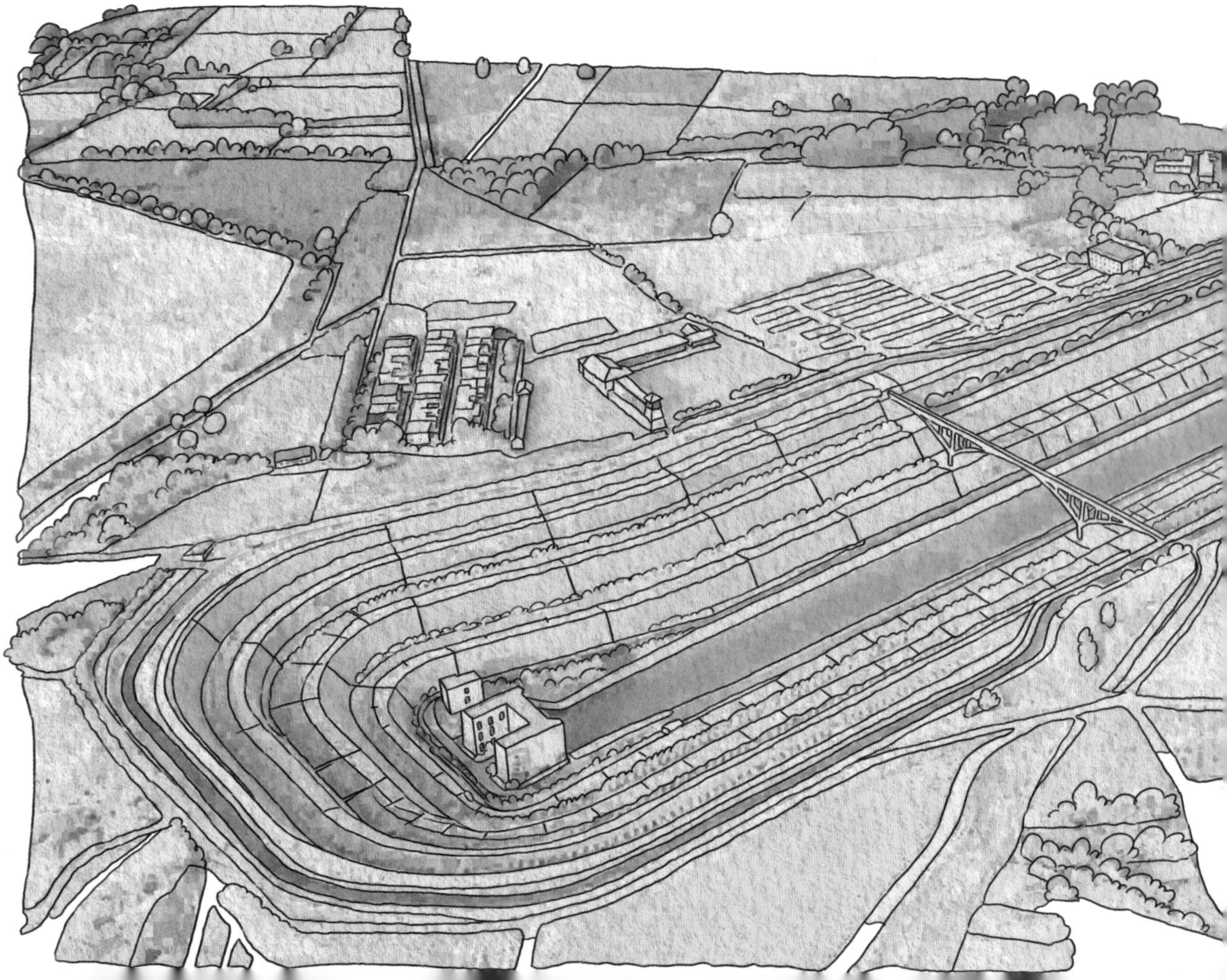

1952ལོར། ཀྲུའུ་ཞི་མའོ་ཙེ་ཏུང་གིས་རྨ་ཆུར་གཟིགས་ཞིབ་གནང་སྐབས། "ལྷོ་ཕྱོགས་སུ་ཆུ་མང་བ་དང་བྱང་ཕྱོགས་སུ་ཆུ་ཉུང་བས། གལ་ཏེ་དཔེ་སྲིད་ན་ཆུ་ཅུང་ཙམ་གཡར་ན་འང་ཆོག"ཅེས་བཏོན་སྒྲོང་ཞིང་། དེ་ནས་བཟུང་དུས་གཞི50ལྷག་ཙམ་ལ་དཔྱད་ཞིབ་བྱས་རྗེས་ཆུ་འདྲེན་དུས་གཞིར་རིན་ཐང་ལྡན་པའི་གྲུབ་འབྲས་འབོར་ཆེན་ཐོབ། ལྷོ་ཆུ་བྱང་འདྲེན་བཟོ་སྐྲུན་གྱིས་ཆུ་འདྲེན་སྐུད་ལམ་གསུམ་དང་འབྲི་ཆུ་དང་རྨ་ཆུ། ཧོའི་ཧོ་ཆུ་བོ། ཧའི་ཧོ་ཆུ་བོ་བཅས་གཙང་པོ་ཆེན་པོ་བཞི་དང་འབྲེལ་བ་བྱས་པ་བརྒྱུད་དེ། "འཕྲེད་བཞི་གཞུང་གསུམ"གཙོ་བོར་བྱས་པའི་སྤྱིའི་བཀོད་པ་གྲུབ་པ་དང་། ཆུའི་ཐོན་ཁུངས་བཀོད་སྒྲིག་ལེགས་སྒྱུར་དང་ས་ཁོངས་མཐུན་སྦྱོར་དང་འཕེལ་རྒྱས་ཡོང་བར་སྐུལ་འདེད་གཏོང་བ་ནི། རང་རྒྱལ་བྱང་ཕྱོགས་ཀྱི་ཆུའི་ཐོན་ཁུངས་ཁ་ཚང་དཀོན་པའི་མ་དངུལ་འཇོག་གྲངས་ཆེས་མང་ཤོས་དང་ཁྱབ་ཁོངས་ཆེས་ཆེ་ཤོས་ཀྱི་འཐབ་ཇུས་རང་བཞིན་གྱི་བཟོ་སྐྲུན་གལ་ཆེན་ཞིག་ཡིན།

ལྷོ་ཆུ་བྱང་འདྲེན་བཟོ་སྐྲུན་ནི་ཤར་རྒྱུད་དང་དབུས་རྒྱུད། ནུབ་རྒྱུད་བཅས་ཀྱི་ཆུ་འདྲེན་ལམ་ཐིག་གསུམ་དུ་དབྱེ་ཡོད། ནུབ་རྒྱུད་བཟོ་སྐྲུན་ནི་མཚོ་བོད་མཐོ་སྒང་སྟེང་དུ་ཡོད་ཅིང་རྨ་ཆུའི་སྟོད་རྒྱུད་དང་དབུས་རྒྱུད་ཀྱི་ནུབ་བྱང་ས་ཁུལ་དང་ཧྭ་པེ་ས་ཁུལ་ལ་ཆུ་གསབ་བྱེད་བཞིན་ཡོད། དབུས་རྒྱུད་བཟོ་སྐྲུན་ནི་འབྲི་ཆུའི་ཡན་ལག་ཆུ་བོ་ཧན་ཅང་གཙང་པོའི་དབུས་སྟོད་རྒྱུད་ཀྱི་ཏན་ཅང་ཁོའུ་ཆུ་མཛོད་ནས་ཆུ་འདྲེན་བཞིན་ཡོད་པ་དང་། རྨ་ཆུ་དང་ཧོའི་ཧའི་བདེ་ཐང་གི་ས་ཁུལ་མང་ཆེ་བར་ཆུ་མཁོ་འདོན་བྱེད་པ་ཡིན། ཤར་རྒྱུད་བཟོ་སྐྲུན་ནི་ཅང་སུའུ་དབྱང་ཀྲོའུ་ཅང་ཏུའུ་ཆུ་བེད་ལྟེ་གནས་ནས་ཆུ་འདྲེན་པ་དང་ཧྭ་པེ་ས་ཁུལ་དུ་ཆུ་མཁོ་འདོན་བྱེད་བཞིན་ཡོད། ལྷོ་ཆུ་བྱང་འདྲེན་བཟོ་སྐྲུན་འཆར་འགོད་ཀྱི་ཤར་དབུས་ནུབ་གསུམ་གྱི་ས་ལམ་སྤྱིའི་རིང་ཚད་ལ་སྤྱོང་སྤྱི4350ཡོད། ཤར་དབུས་རྒྱུད་ཀྱི་དུས་སྐབས་དང་པོའི་བཟོ་སྐྲུན་མ་ལམ་གྱི་སྤྱིའི་རིང་ཚད་ལ་སྤྱོང་སྤྱི2899ཡོད་པ་དང་ལམ་རྒྱུད་ཀྱི་ཞིང་ཆེན་དང་གྲོང་ཁྱེར་དྲུག་གི་རིམ་པ་དང་པོའི་མ་ལག་ཚང་བའི་ཆུ་ཡུར་སྤྱོང་སྤྱི2700ཙམ་ཡོད། 2021ལོའི་བར་དུ་བསྡོམས་པས་བྱང་ཕྱོགས་སུ་ཆུ་འདྲེན་ཚད་སྨི་ཀྲུ་དཔངས་གྲུ་བཞི་དུང་ཕྱུར500ཙམ་ཟིན་པ་དང་། ཕན་འབྲས་ཐོབ་མཁན་གྱི་མི་གྲངས་དུང་ཕྱུར1.4ཟིན་ཞིང་གྲོང་ཁྱེར་ཆེ་འབྲིང40ལྷག་ཙམ་གྱི་དཔལ་འབྱོར་འཕེལ་རྒྱས་ཀྱི་ཆགས་སྟངས་ཆུ་འདྲེན་བྱས་པའི་དབང་གིས་རྗེ་ལེགས་སུ་ཕྱིན་ཡོད།

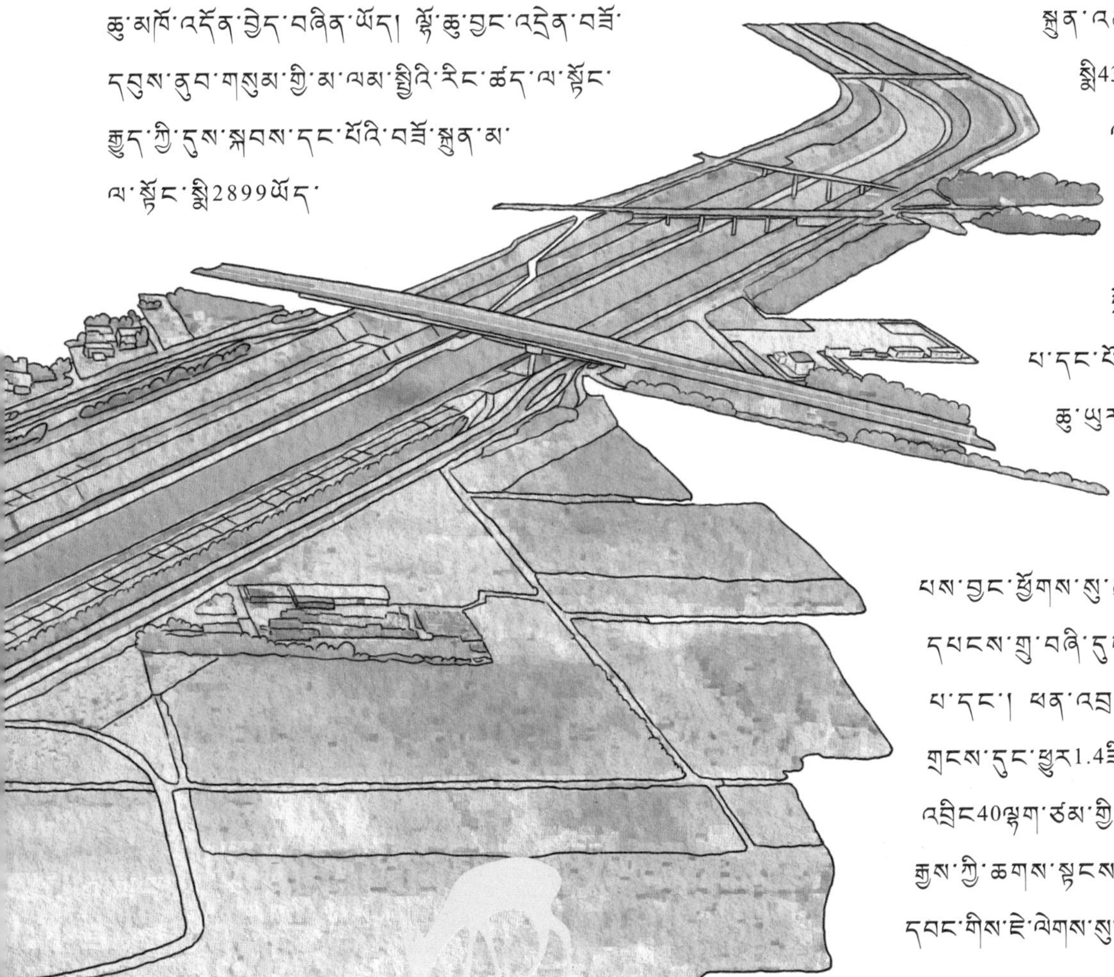

29 西气东输工程

ནུབ་རླངས་ཤར་འདྲེན་བཟོ་སྐྲུན།

西气东输工程西起塔里木盆地的轮南，东至上海，是我国距离最长、管径最大、投资最多、输气量最大、施工条件最复杂的天然气输气管道项目。全线采用自动化控制，东西横贯9个省区，全长4200千米，成为横贯中国的能源大动脉。

2000年，国务院第一次会议批准启动西气东输工程，这是仅次于长江三峡工程的又一重大投资项目，是拉开“西部大开发”序幕的标志性建设工程，也是惠及人口最多的基础设施工程。实施西气东输工程，有利于促进我国能源结构和产业结构调整，带动东部、中部、西部地区经济共同发展，改善管道沿线地区人民生活质量，有效治理大气污染。它为西部大开发和西部地区的资源优势变为经济优势创造了条件，推动和加快了西部地区的经济发展，还促进了中国能源结构和产业结构调整，带动了钢铁、建材、石油化工、电力等相关行业的发展。

西气东输 ནུབ་རླངས་ཤར་འདྲེན།

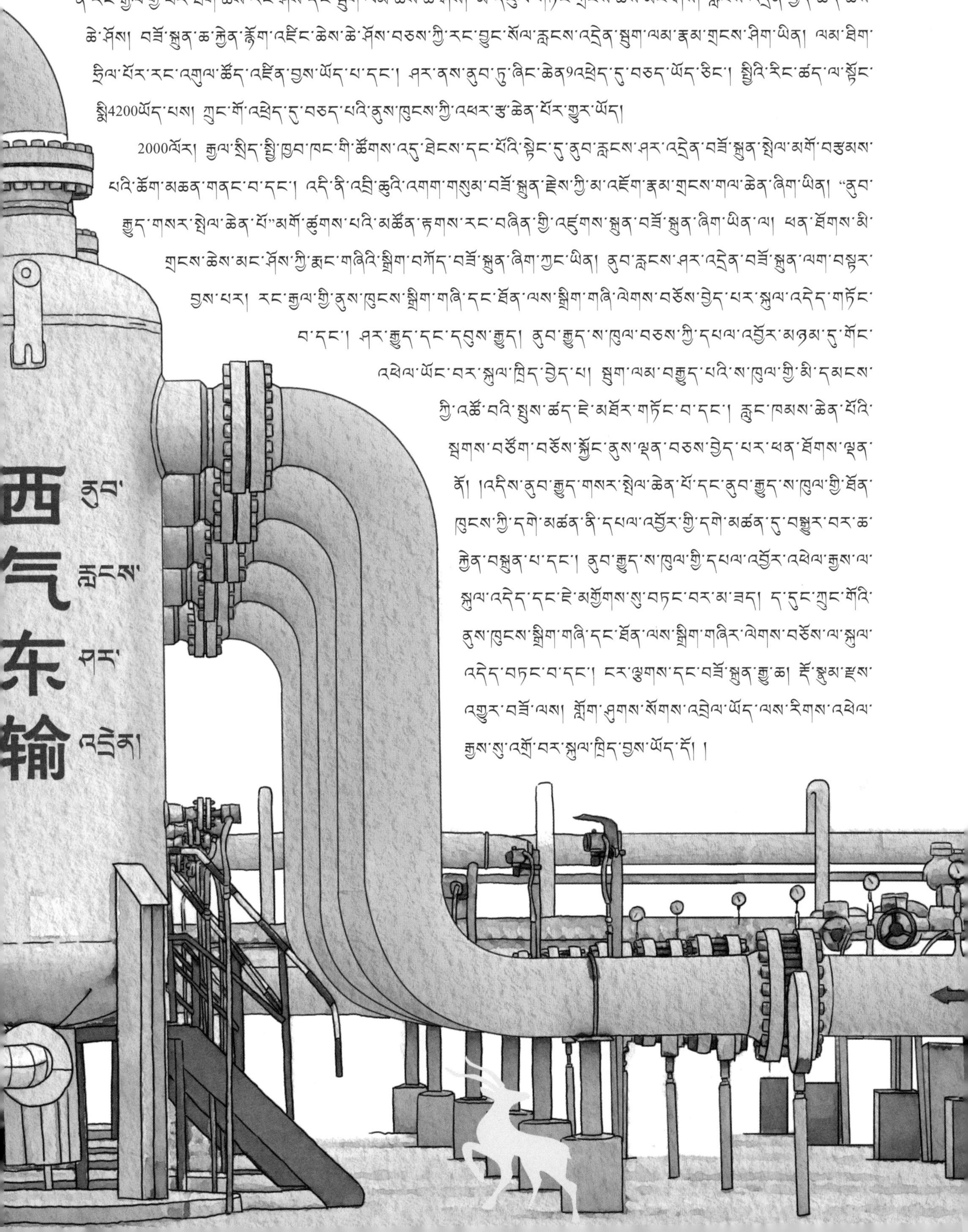

ནུབ་རླངས་ཤར་འདྲེན་བཟོ་སྐྲུན་ནི་ནུབ་ཀྱི་ཐ་ལི་མུའུ་གཤོང་སའི་ལུན་ནན་ནས་མགོ་ཚུགས་པ་དང་ཤར་གྱི་ཧྲང་ཧའི་བར་ཡིན། དེ་ནི་རང་རྒྱལ་གྱི་བར་ཐག་ཆེས་རིང་ཤོས་དང་སྨུག་ལམ་ཆེས་ཆེ་ཤོས། མ་དངུལ་གཏོང་གྲངས་ཆེས་མང་ཤོས། རླངས་འདྲེན་བྱེད་ཚད་ཆེས་ཆེ་ཤོས། བཟོ་སྐྲུན་ཆ་རྐྱེན་རྙོག་འཛིང་ཆེས་ཆེ་ཤོས་བཅས་ཀྱི་རང་བྱུང་སོལ་རླངས་འདྲེན་སྨུག་ལམ་རྣམ་གྲངས་ཤིག་ཡིན། ལམ་ཐིག་ རྒྱལ་ཁབ་ཀྱི་ཞིང་ཆེན་9འཕྲེད་དུ་བཅད་ཡོད་ཅིང་། སྤྱིའི་རིང་ཚད་ལ་སྟོང་ཕྲག4200ཡོད་པས། ཀྲུང་གོ་འཕྲེད་དུ་བཅད་པའི་ནུས་ཁུངས་ཀྱི་འཕར་རྩ་ཆེན་པོར་གྱུར་ཡོད།

2000ལོར། རྒྱལ་སྲིད་སྤྱི་ཁྱབ་ཁང་གི་ཚོགས་འདུ་ཐེངས་དང་པོའི་སྟེང་དུ་ནུབ་རླངས་ཤར་འདྲེན་བཟོ་སྐྲུན་སྤེལ་མགོ་བརྩམས་པའི་ཆོག་མཆན་གནང་བ་དང་། འདི་ནི་འཕྲི་ཆུའི་འགག་གསུམ་བཟོ་སྐྲུན་རྗེས་ཀྱི་མ་འཛོག་རྣམ་གྲངས་གལ་ཆེན་ཞིག་ཡིན། "ནུབ་རྒྱུད་གསར་སྤེལ་ཆེན་པོ"མགོ་ཚུགས་པའི་མཚོན་རྟགས་རང་བཞིན་གྱི་འཛུགས་སྐྲུན་བཟོ་སྐྲུན་ཞིག་ཡིན་ལ། ཕན་ཐོགས་མི་གྲངས་ཆེས་མང་ཤོས་ཀྱི་རྨང་གཞིའི་གློག་བཀོད་བཟོ་སྐྲུན་ཞིག་ཀྱང་ཡིན། ནུབ་རླངས་ཤར་འདྲེན་བཟོ་སྐྲུན་ལག་བསྟར་བྱས་པར། རང་རྒྱལ་གྱི་ནུས་ཁུངས་སྒྲིག་གཞི་དང་ཐོན་ལས་སྒྲིག་གཞི་ལེགས་བཅོས་བྱེད་པར་སྐུལ་འདེད་གཏོང་བ་དང་། ཤར་རྒྱུད་དང་དབུས་རྒྱུད། ནུབ་རྒྱུད་ས་ཁུལ་བཅས་ཀྱི་དཔལ་འབྱོར་མཉམ་དུ་གོང་འཕེལ་ཡོང་བར་སྐུལ་ཁྲིད་བྱེད་པ། སྨུག་ལམ་བརྒྱུད་པའི་ས་ཁུལ་གྱི་མི་དམངས་ཀྱི་འཚོ་བའི་སྤུས་ཚད་རྗེ་མཐོར་གཏོང་བ་དང་། རླུང་ཁམས་ཆེན་པོའི་སྲུགས་བཅོག་བཅོས་སྒྲིང་ནུས་ལྡན་བཅས་བྱེད་པར་ཕན་ཐོགས་ལྡན་ནོ། །འདིས་ནུབ་རྒྱུད་གསར་སྤེལ་ཆེན་པོ་དང་ནུབ་རྒྱུད་ས་ཁུལ་གྱི་ཐོན་ཁུངས་ཀྱི་དགེ་མཚན་ནི་དཔལ་འབྱོར་གྱི་དགེ་མཚན་དུ་བསྒྱུར་བར་ཆ་རྐྱེན་བསྐྲུན་པ་དང་། ནུབ་རྒྱུད་ས་ཁུལ་གྱི་དཔལ་འབྱོར་འཕེལ་རྒྱས་ལ་སྐུལ་འདེད་དང་རྗེ་མགྱོགས་སུ་བཏང་བར་མ་ཟད། ད་དུང་ཀྲུང་གོའི་ནུས་ཁུངས་སྒྲིག་གཞི་དང་ཐོན་ལས་སྒྲིག་གཞིར་ལེགས་བཅོས་ལ་སྐུལ་འདེད་བཏང་བ་དང་། ངར་ལྕུགས་དང་བཟོ་སྐྲུན་རྒྱུ་ཆ། རྡོ་སྣུམ་རྫས་འགྱུར་བཟོ་ལས། གློག་ཤུགས་སོགས་འབྲེལ་ཡོད་ལས་རིགས་འཕེལ་རྒྱས་སུ་འགྲོ་བར་སྐུལ་ཁྲིད་བྱས་ཡོད་དོ། །

30 西电东送工程

ནུབ་གློག་ཤར་སྐྱེལ་བཟོ་སྐྲུན།

西电东送是我国工程量最大、投资额最多的工程，也是中国实施西部大开发战略的标志性工程和骨干工程。通过将贵州、云南、广西、四川、内蒙古、山西、陕西等省区开发的电力资源输送到电力紧缺的广东、上海、江苏、浙江和京、津、唐地区，形成南、中、北三大电力资源输送通道，是使西部地区的资源优势转化为经济优势的重大举措。

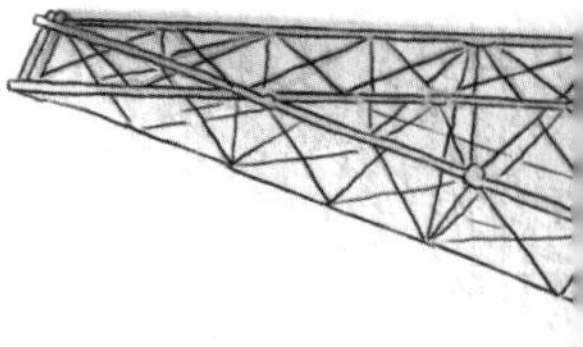

西电东送工程自2001年实施至今，带来了巨大的经济效益和社会效益。它不但为西部地区的经济发展带来了前所未有的历史机遇，极大地促进了当地经济社会发展，还满足了东部地区日益增长的电力需求，平抑了东部省份过高的电价，减轻了东部发电地区日益严重的环保压力，为东部地区的经济社会发展带来了巨大的经济效益。西电东送工程将东部地区和西部地区紧密地联系在一起，减轻了环境和运输压力，形成了东西优势互补、资源合理配置、优化能源结构、共赢发展的局面，对促进我国社会经济可持续发展具有重要意义。

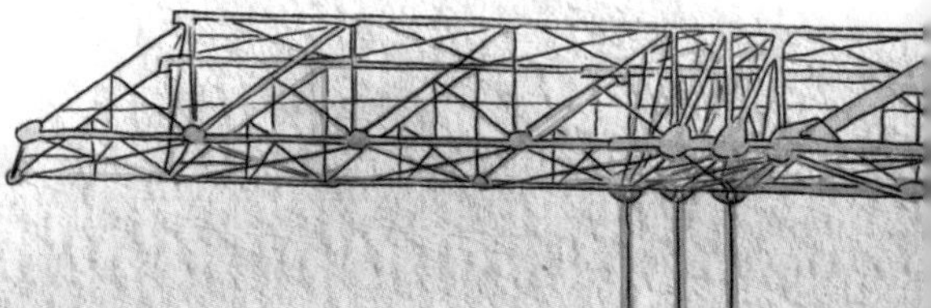

ནུབ་གློག་ཤར་སྐྱེལ་ནི་རང་རྒྱལ་གྱི་བཟོ་སྐྲུན་ཆེས་ཆེ་བ་དང་མ་དངུལ་གཏོང་གྲངས་ཆེས་མང་བའི་བཟོ་སྐྲུན་ཞིག་ཡིན་ལ། ཀྲུང་གོས་ནུབ་རྒྱུད་གསར་སྤེལ་ཆེན་མོའི་འཐབ་རྩུས་ལག་བསྟར་བྱེད་པའི་མཚོན་རྟགས་རང་བཞིན་གྱི་བཟོ་སྐྲུན་དང་རྐང་འཛིན་བཟོ་སྐྲུན་ཞིག་ཀྱང་ཡིན། ཀུའེ་ཀྲོའུ་དང་ཡུན་ནན། ཀོང་ཞི། སི་ཁྲོན། ནང་སོག ཧྲན་ཞི། ཧྲའན་ཞི་སོགས་ཞིང་ཆེན་དང་རང་སྐྱོང་ལྗོངས་ཀྱིས་གསར་སྤེལ་བྱས་པའི་གློག་ཤུགས་ཐོན་ཁུངས་རྣམས་གློག་ཤུགས་དགོན་པའི་ཀོང་ཏུང་དང་ཧྲང་ཧའེ། ཅང་སུའུ། ཀྲེ་ཅང་། པེ་ཅིན། ཐེན་ཅིན། ཐང་ཧྲན་བཅས་ས་ཁུལ་དུ་སྐྱེལ་འདྲེན་བྱས་པ་བརྒྱུད་དེ། ལྷོ་དབུས་བྱང་གསུམ་གྱི་གློག་ཤུགས་ཐོན་ཁུངས་སྐྱེལ་འདྲེན་བགྲོད་ལམ་ཆགས་པར་བྱས་པས། ནུབ་རྒྱུད་ས་ཁུལ་གྱི་ཐོན་ཁུངས་ལེགས་ཆ་དཔལ་འབྱོར་གྱི་ལེགས་ཆར་བསྒྱུར་བའི་བྱེད་ཐབས་གལ་ཆེན་ཞིག་ཡིན།

ནུབ་གློག་ཤར་སྐྱེལ་བཟོ་སྐྲུན་ནི2001ལོར་ལག་བསྟར་བྱས་པ་ནས་ད་ལྟའི་བར་དུ། དཔལ་འབྱོར་ཕན་འབྲས་དང་སྤྱི་ཚོགས་ཕན་འབྲས་ཆེན་པོ་ཐོན་ཡོད། འདིས་ནུབ་རྒྱུད་ས་ཁུལ་གྱི་དཔལ་འབྱོར་འཕེལ་རྒྱས་ལ་སྔར་བྱུང་མྱོང་མེད་པའི་ལོ་རྒྱུས་ཀྱི་གོ་སྐབས་བསྐྲུན་པར་མ་ཟད། ས་གནས་དེ་གའི་དཔལ་འབྱོར་དང་སྤྱི་ཚོགས་འཕེལ་རྒྱས་ལ་སྐུལ་འདེད་ཆེན་པོ་ཐེབས་པ་དང་། ཤར་རྒྱུད་ས་ཁུལ་གྱི་ཉིན་རེ་བཞིན་ཇེ་མཐོར་འགྲོ་བཞིན་པའི་གློག་ཤུགས་དགོས་མཁོ་བསྐང་བ་དང་ཤར་རྒྱུད་ཞིང་ཆེན་གྱི་གློག་རིན་མཐོ་དྲགས་པའི་གནས་བབ་ཚོད་འཛིན་བྱས་ཤིང་། ཤར་རྒྱུད་གློག་གཏོང་ས་ཁུལ་གྱི་ཉིན་རེ་བཞིན་ཚབས་ཇེ་ཆེར་འགྲོ་བཞིན་པའི་ཁོར་ཡུག་སྲུང་སྐྱོབ་ཀྱི་གནོན་ཤུགས་ཇེ་ཆུང་དུ་བཏང་ནས། ཤར་རྒྱུད་ས་ཁུལ་གྱི་དཔལ་འབྱོར་དང་སྤྱི་ཚོགས་འཕེལ་རྒྱས་ལ་དཔལ་འབྱོར་ཕན་འབྲས་ཆེན་པོ་ཐོན་ཡོད། ནུབ་གློག་ཤར་སྐྱེལ་བཟོ་སྐྲུན་གྱིས་ཤར་རྒྱུད་ས་ཁུལ་དང་ནུབ་རྒྱུད་ས་ཁུལ་ཟུང་འབྲེལ་དམ་པོར་བྱས་ཏེ། ཁོར་ཡུག་དང་སྐྱེལ་འདྲེན་གྱི་གནོན་ཤུགས་ཇེ་ཆུང་དུ་བཏང་བ་དང་། ཤར་ནུབ་ཀྱི་ལེགས་ཆ་གསབ་རེས་དང་ཐོན་ཁུངས་བཀོད་སྒྲིག་ལུགས་མཐུན། ནུས་ཁུངས་སྒྲིག་གཞིར་ལེགས་བསྒྱུར། མཉམ་དུ་འཕེལ་རྒྱས་ཀྱི་རྣམ་པ་ཆགས་པ་བཅས་ཀྱིས། རང་རྒྱལ་གྱི་སྤྱི་ཚོགས་དང་དཔལ་འབྱོར་རྒྱུན་མཐུད་ངང་འཕེལ་རྒྱས་སུ་ཡོང་བར་དོན་སྙིང་གལ་ཆེན་ལྡན་ནོ། །

31 引江济淮工程

གཙང་པོར་དྲངས་ཏེ་ཧོའེ་ཧོ་ཆུ་བོར་གསབ་པའི་བཟོ་སྐྲུན།

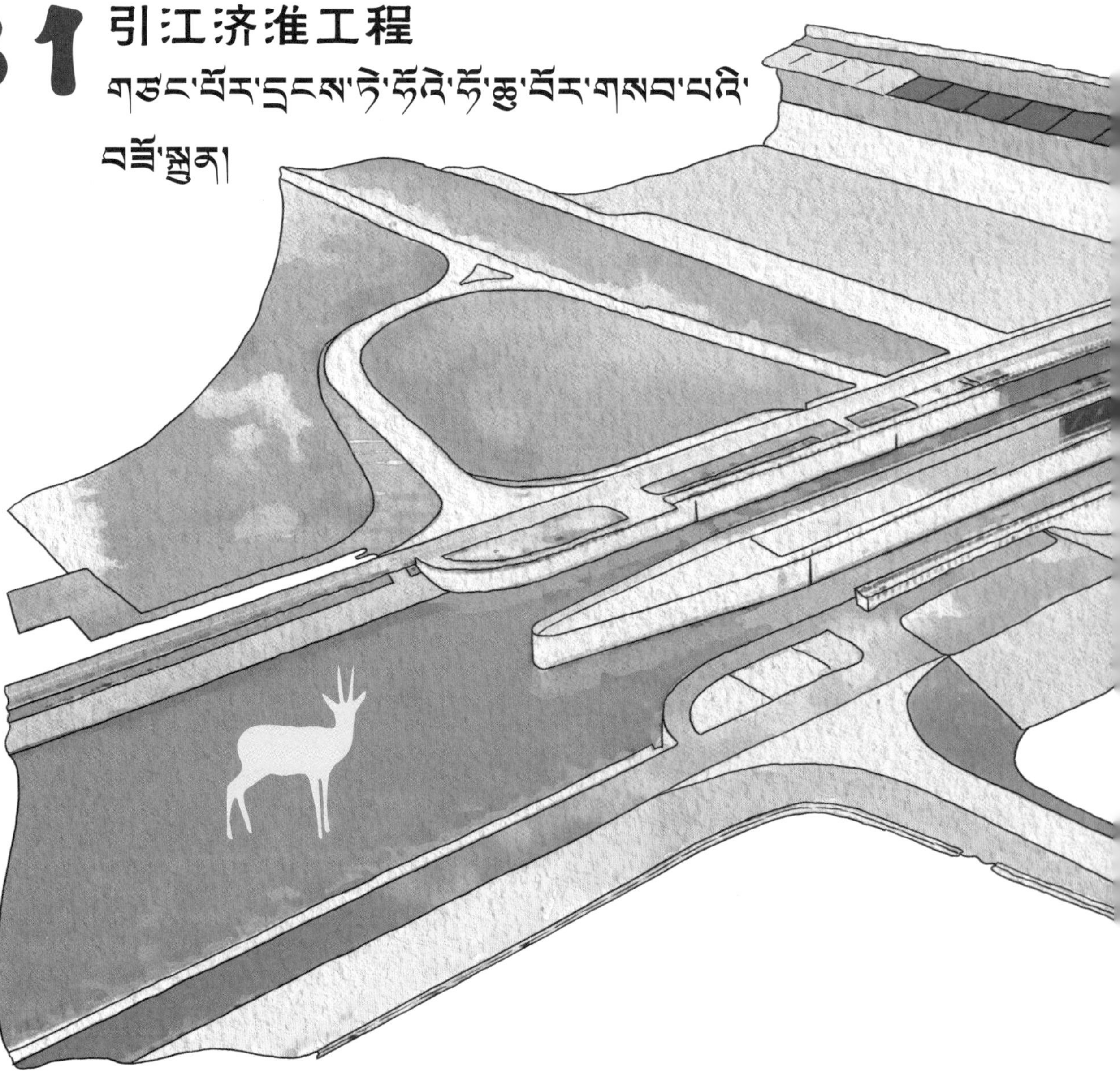

据《三国志 · 魏书 · 武帝纪》记载，东汉建安十四年曹操率军南征孙吴，因运送粮草需要，曹操在江淮分水岭上开挖河道，企图沟通江淮。但因膨胀土，河道“日挖一丈，夜长八尺”，周而复始，最终未能实现。之后，治淮一直成为历朝历代的梦想。2016年，引江济淮工程全线推进，这是我国继三峡、南水北调之后的又一水利标志性重大工程。建成后，一条崭新的南北向水上大通道将沟通长江、淮河两大水系，推动长江经济带、淮河生态经济带、中原经济区三大发展战略区协同发展，助力淮河在新时代追梦前行。

引江济淮工程是以城乡供水和发展江淮航运为目的，以结合灌溉补水和改善巢湖及淮河水生态环境为主要任务的大型跨流域调水工程。自南向北分为引江济巢、江淮沟通、江水北送三段，工程供水范围涵盖安徽省12市和河南省2市。值得一提的是，引江济淮淠河总干渠钢渡槽工程，钢渡槽总长350米，主跨跨度达110米，总重20409吨，是世界最大跨度钢结构渡槽。

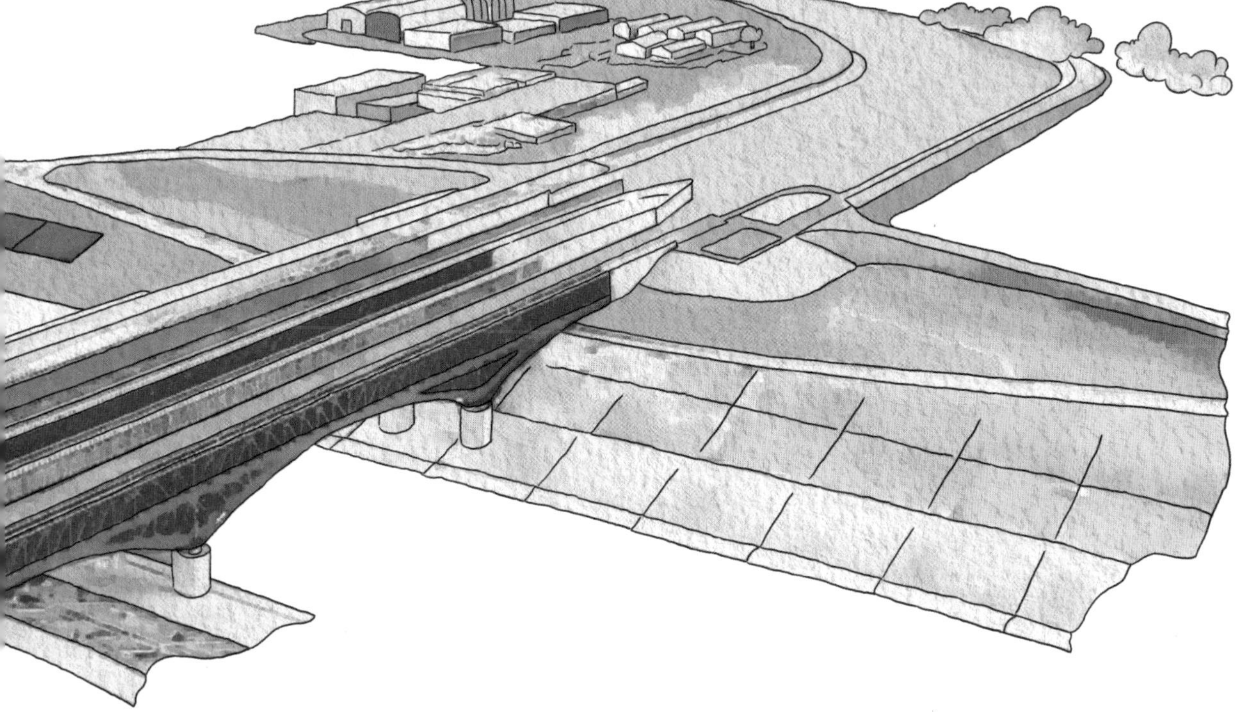

《རྒྱལ་ཁབ་གསུམ་གྱི་ལོ་རྒྱུས། ཕེ་ཧྲུའུ། ཝུའུ་ཧྲེའི་ཟིན་ཐོ》ཞེས་པའི་ནང་དུ་བཀོད་པ་ལྟར་ན། ཧན་ཤར་མ་བཙུགས་པའི་ལོ་བཅུ་བཞི་པར། ཚའོ་ཚའོ་ཡིས་དམག་དཔུང་ཁྲིད་དེ་ལྷོ་ཕྱོགས་ཀྱི་སུན་ཝུའུ་ལ་དཔུང་འཇུག་བྱས་ཤིང་། འབྲུ་རིགས་དང་གཟན་ཆས་སྐྱེལ་འདྲེན་བྱེད་དགོས་པའི་དབང་གིས། ཚའོ་ཚའོ་ཡིས་ཅང་ཧོའི་ཡི་ཆུ་མཚམས་འབྱེད་ནས་ཆུ་ལམ་བཀོས་ཏེ་ཅང་ཧོའི་དང་སྦྲེལ་རྗེས་བྱས་སོང་། འོན་ཀྱང་ས་སྡོམས་པའི་རྐྱེན་གྱིས་ཆུ་ལམ་ཉིན་རེར་ཚད་འཛལ་གཅིག་ཙམ་བཀོས་ན་མཚན་མོའི་རིང་ཚད་ཁྲི་ཅེ་བརྒྱད་ཙམ་ཕྱིར་སྡོམས་པའི་རྐྱེན་གྱིས། ཡང་ནས་བསྐྱར་དུ་མགོ་ཚུགས་ཀྱང་མཐར་མངོན་འགྱུར་བྱུང་མ་ཐུབ། དེའི་རྗེས་སུ། ཧོའི་ཧོ་ཆུ་བོའི་བཟོ་བཅོས་ནི་རྒྱལ་རབས་རིམ་བྱུང་གི་ཕྱུགས་འདུན་དུ་གྱུར་ཡོད། 2016ལོར་གཙང་པོར་དྲངས་ཏེ་ཧོའི་ཧོ་ཆུ་བོར་གསབ་པའི་བཟོ་སྐྲུན་གྲུབ་ཡོངས་ནས་སྐུལ་འདེད་བཏང་བ་དང་། དེ་ནི་རང་རྒྱལ་གྱིས་འབྲི་ཆུའི་འགག་གསུམ་དང་ལྷོ་ཆུ་བྱང་འདྲེན་བྱས་རྗེས་ཀྱི་ཆུ་བེད་ཐད་ཀྱི་མཚོན་རྟགས་རང་བཞིན་གྱི་བཟོ་སྐྲུན་གལ་ཆེན་ཞིག་ཡིན། ལེགས་གྲུབ་བྱུང་རྗེས་ལྷོ་བྱང་ཕྱོགས་ཀྱི་ཆུ་ཐོག་བགྲོད་ལམ་ཆེན་པོ་གསར་རྒྱུང་ཞིག་འབྲི་ཆུ་དང་ཧོའི་ཧོ་ཆུ་བོའི་ཆུ་རྒྱུད་ཆེན་པོ་གཉིས་དང་སྦྲེལ་མཐུད་བྱས་ཏེ། འབྲི་ཆུའི་དཔལ་འབྱོར་ཁུལ་དང་ཧོའི་ཧོ་ཆུ་བོའི་སྐྱེ་ཁམས་དཔལ་འབྱོར་ཁུལ། ཀྲུང་ཡོན་དཔལ་འབྱོར་ཁུལ་བཅས་འཕེལ་རྒྱས་འཐབ་ཇུས་ཁུལ་ཆེན་པོ་གསུམ་མཐུན་སྒྲོར་དང་འཕེལ་རྒྱས་སུ་འགྲོ་བར་སྐུལ་འདེད་བཏང་ནས། ཧོའི་ཧོ་ཆུ་བོའི་དུས་རབས་གསར་བར་ཕྱུགས་འདུན་དོན་གཉེར་བྱེད་པར་སྐུལ་འདེད་བཏང་བ་ཡིན།

གཙང་པོར་དྲངས་ཏེ་ཧོའི་ཧོ་ཆུ་བོར་གསབ་པའི་བཟོ་སྐྲུན་ནི་གྲོང་ཁྱེར་དང་གྲོང་གསེབ་ཀྱི་ཆུ་མགོ་འདོན་དང་ཅང་ཧོའི་ཡི་ཆུ་ཐོག་སྐྱེལ་འདྲེན་འཕེལ་རྒྱས་གཏོང་བ་དམིགས་ཡུལ་དུ་བཟུང་སྟེ། ཞིང་སའི་ཆུ་འདྲེན་ཆུ་གསབ་དང་ཁྲའོ་ཧུའུ་མཚོའུ་དང་དེ་བཞིན་ཧོའི་ཧོ་ཆུ་བོའི་སྐྱེ་ཁམས་ཁོར་ཡུག་ཇེ་ལེགས་སུ་གཏོང་བ་ལས་འགན་གཙོ་བོར་བཟུང་བའི་འབབ་རྒྱུད་ལས་བརྒལ་བའི་ཆུ་འདྲེན་བཟོ་སྐྲུན་ཆེ་གྲས་ཤིག་ཀྱང་ཡིན། ལྷོ་ནས་བྱང་དུ་གཙང་པོར་དྲངས་ཏེ་ཁྲའོ་ཧུའུ་མཚོའུ་གསབ་པ་དང་གཙང་ཧོའི་སྦྲེལ་མཐུད། གཙང་པོར་བྱང་སྐྱེལ་བཅས་དུམ་མཚམས་གསུམ་དུ་དབྱེ་ཡོད་པ་དང་། བཟོ་སྐྲུན་འདིའི་ཆུ་མགོ་འདོན་ཁྱབ་ཁོངས་སུ་ཨན་ཧུའི་ཞིང་ཆེན་གྱི་གྲོང་ཁྱེར12དང་ཧོ་ནན་ཞིང་ཆེན་གྱི་གྲོང་ཁྱེར2ཚུད་ཡོད། གླིང་རིན་ཡོད་པ་ཞིག་ནི། གཙང་པོར་དྲངས་ཏེ་ཧོའི་ཧོ་ཆུ་བོར་གསབ་པའི་ཕི་ཧོ་ཆུ་བོའི་མ་ཡུར་ནི་ངར་ལྟགས་ཡུར་བུའི་བཟོ་སྐྲུན་ཡིན་ལ། ངར་ལྟགས་ཡུར་བུའི་རིང་ཚད་ལ་སྨི350ཡོད་པ་དང་བརྒལ་མཚམས་གཙོ་བོའི་བརྒལ་ཚད་སྨི110ཟིན་ཞིང་། ཞེང་ཚད་ཧྲུན20409ཟིན་པས། འཛམ་གླིང་གི་བརྒལ་ཚད་ཆེས་ཆེ་བའི་ངར་ལྟགས་སྒྲིག་གཞིའི་ཡུར་བ་ཡིན་ནོ། །

32 引黄入晋工程

རྨ་ཆུར་ཧྲན་ཞི་འདྲེན་པའི་བཟོ་སྐྲུན།

引黄入晋工程是2002年建成的高难度、高科技跨流域引水项目，是山西省有史以来最大的水利工程，被专家称为“具有挑战性的世界级工程”。

引黄入晋工程从黄河大北干流万家寨水库取水，经偏关、平鲁、神池、宁武、静乐、娄烦、古交，到太原呼延村，由万家寨水利枢纽、总干线、南干线、联接段和北干线组成，解决太原市、大同市、朔州市工业及生活用水。工程线路总长452.4千米，总干线 44.4千米，南干线101.7千米，联接段139.4千米，北干线166.9千米。一期工 程引水线路上有输水隧洞25条，共162千米。南干线7号隧洞长达43.5千米，比 英吉利海峡隧洞还要长，堪称“世界第一引水隧洞”，有五座我国目前最大的水泵站，总扬程636米，泵站装有44台目前国内最大的水泵电动机组，还有埋涵、埋管、渡槽、调节水库等各种水工建筑物。供水的运行、调度、监控采取全线自动化控制，实现对全线的遥信、遥测、遥控和遥调。

རྨ་ཆུར་ཧྲན་ཞི་འདྲེན་པའི་བཟོ་སྐྲུན་ནི2002ལོར་ལེགས་གྲུབ་བྱུང་བའི་དཀའ་ཚོགས་ཆེ་བ་དང་ཚན་རྩལ་མཐོ་བའི་འབབ་རྒྱུད་ལས་བཀྲལ་བའི་ཆུ་འདྲེན་རྣམ་གྲངས་ཤིག་ཡིན་པ་དང་། ཧྲན་ཞི་ཞིང་ཆེན་གྱི་ལོ་རྒྱུས་སྟེང་གི་ཆུ་བེད་བཟོ་སྐྲུན་ཆེས་ཆེ་ཤོས་ཤིག་ཡིན་པས། ཆེད་མཁས་པས"འགྲན་སློང་རང་བཞིན་ལྡན་པའི་འཛམ་གླིང་རིམ་པའི་བཟོ་སྐྲུན"ཞེས་འབོད་དོ། །

རྨ་ཆུར་ཧྲན་ཞི་འདྲེན་པའི་བཟོ་སྐྲུན་ནི་རྨ་ཆུའི་ཧ་པེ་གཞུང་ཆུ་ཤན་ཅ་ཀྲའི་ཆུ་མཛོད་ནས་ཆུ་འདྲེན་པ་དང་། ཕེན་ཀོན་དང་ཕིང་ལུའུ། ཧྲེན་ཁྲི། ཉིང་ཝུའུ། ཅིན་ལེ། ལོའུ་ཧྥན། ཀུའུ་ཅོ་བཅས་བརྒྱུད་དེ་ཐའི་ཡོན་ཏུའུ་ཡན་གྲོང་ཁྱེར་ཐོན་ཞིང་། ཤན་ཅ་ཀྲའི་ཆུ་བེད་ལྟེ་གནས་དང་སྤྱིའི་མ་ལམ། ལྷོ་རྒྱུད་མ་ལམ། འབྲེལ་མཐུད་དུམ་མཚམས། བྱང་རྒྱུད་མ་ལམ་བཅས་ལས་གྲུབ་པ་ཡིན། ཐའི་ཡོན་གྲོང་ཁྱེར་དང་ཏ་ཐུང་གྲོང་ཁྱེར། ཧྲོའོ་ཀྲོའུ་གྲོང་ཁྱེར་བཅས་ཀྱི་བཟོ་ལས་དང་འཚོ་བའི་ཆུ་ཐག་གཅོད་བྱས་ཡོད། བཟོ་སྐྲུན་སྐུད་ལམ་གྱི་སྤྱིའི་རིང་ཚད་ལ་སྨི452.4ཡོད་པ་དང་། སྤྱིའི་མ་ལམ་སྟོང་སྨི44.4དང་ལྷོ་རྒྱུད་མ་ལམ་སྟོང་སྨི101.7 འབྲེལ་མཐུད་དུམ་མཚམས་སྟོང་སྨི139.4དང་བྱང་རྒྱུད་མ་ལམ་སྟོང་སྨི166.9ཡོད། སྐབས་ཐེངས་དང་པོའི་བཟོ་སྐྲུན་གྱི་ཆུ་འདྲེན་ལམ་ཐིག་སྟེང་དུ་ཆུ་འདྲེན་ཕུག་ལམ25ཡོད་ཅིང་ཁྱོན་བསྡོམས་སྟོང་སྨི162ཡོད། ལྷོ་རྒྱུད་མ་ལམ་ཨང7པའི་ཕུག་ལམ་གྱི་རིང་ཚད་སྟོང་སྨི43.5ཡོད་པ་དང་དབྱིན་ཅི་ལིའི་མཚོ་འགག་ཕུག་ལམ་ལས་ཀྱང་རིང་བས། "འཛམ་གླིང་གི་ཆུ་འདྲེན་ཕུག་ལམ་དང་པོ"ཞེས་བརྗོད་ཆོག་པ་དང་། དེ་ལ་རང་རྒྱལ་གྱི་མིག་སྔའི་ཆུ་འཐེན་འཕྲུལ་འཁོར་ས་ཚིགས་ཆེ་ཤོས་ལྔ་ཡོད་པ་དང་སྤྱིའི་རིང་ཚད་ལ་སྨི636ཡོད། འཐེན་འཁོར་ས་ཚིགས་སུ་མིག་སྔར་རྒྱལ་ནང་གི་ཆུ་འཐེན་འཕྲུལ་འཁོར་གྱི་གློག་སྐྱུལ་འཕྲུལ་འཁོར་ཚན་པ་ཆེ་ཤོས44ཡོད་པར་མ་ཟད། ད་དུང་བཀབ་ཕུག་དང་བཀབ་སྦུག ཤ་ཡུར། སྙོམ་སྒྲིག་ཆུ་མཛོད་སོགས་ཆུ་བཟོ་འཛུགས་སྐྲུན་དངོས་པོ་སྣ་ཚོགས་ཡོད། ཆུ་མགོ་འདོན་གྱི་འཁོར་སྐྱོད་དང་བཀོད་གཏོང་། ལྟ་སྐྱུལ་ཚོད་འཛིན་བཅས་ཀྱི་ཐད་ནས་ཁྱོན་ཡོངས་ནས་རང་འགུལ་ཅན་གྱི་ཚོད་འཛིན་བྱས་ཏེ། ལམ་ཐིག་རྗེས་པོར་རྒྱང་འཕྲིན་དང་རྒྱང་དཔྱད། རྒྱང་སྒྱུར་བཅས་མངོན་འགྱུར་བྱས་ཡོད་དོ། །

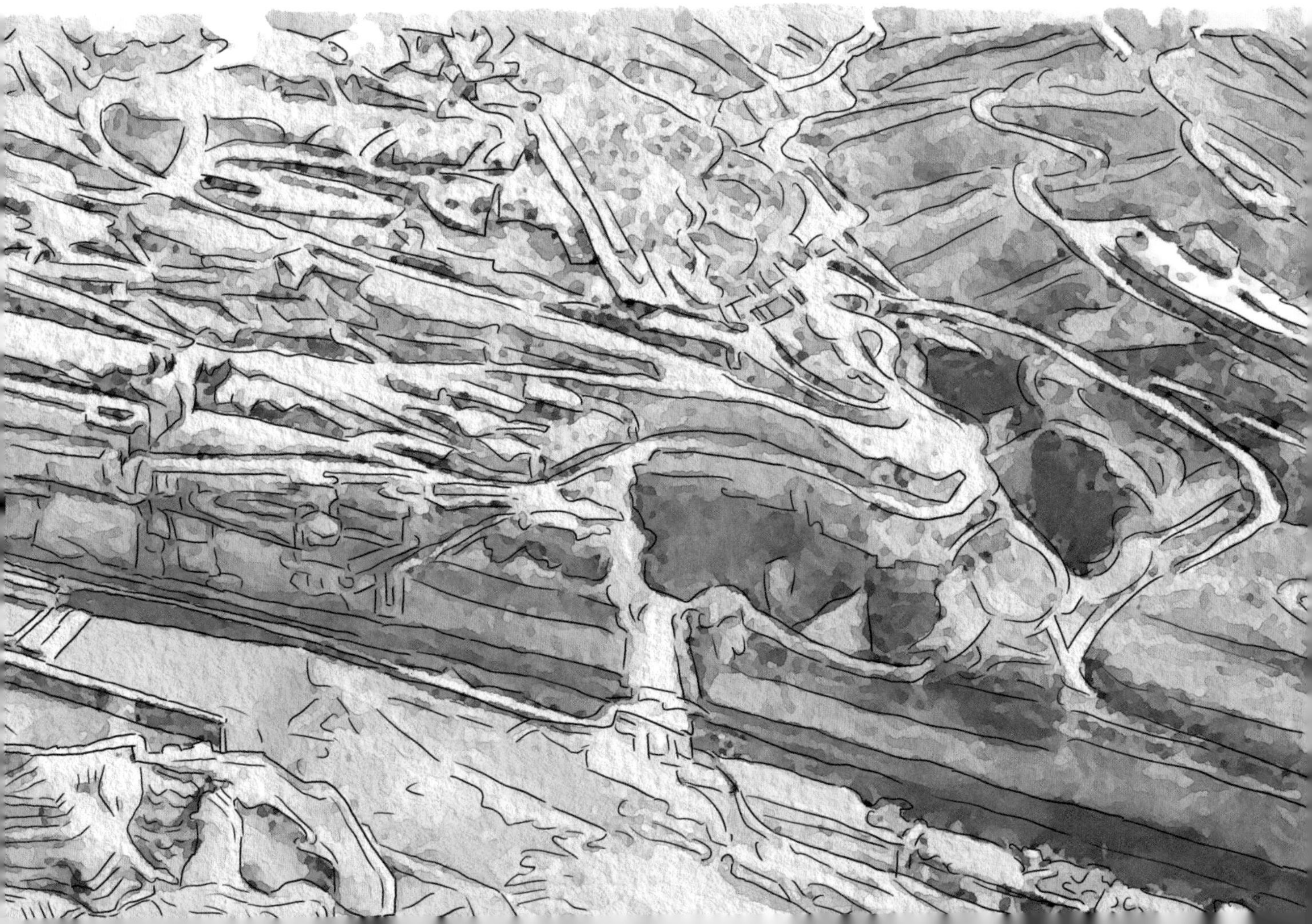

33 引滦入津工程

ལོན་ཆུར་ཐེན་ཅིན་འདྲེན་པའི་བཟོ་སྐྲུན།

引滦入津工程是中国大型供水工程，工程于1982年动工，1983年9月建成，是将河北省境内的滦河水跨流域引入天津市的城市供水工程。工程自大黑汀水库开始，通过输水干渠经迁西、遵化进入天津市蓟县于桥水库，再经宝坻区至宜兴埠泵站，引水线路全长234千米，成为天津经济和社会发展赖以生存的“生命线”，也一举结束了天津人民喝咸水、苦水的历史。

引滦入津工程整治河道108千米，开挖输水明渠64千米，修建倒虹吸12座、涵洞5座、水闸7座，由引水枢纽、引水隧洞、河道整治工程、于桥水库、尔王庄水库、泵站、输水明渠及其渠系建筑物等215项工程组成。引水线路施工中最艰难的是要穿越中国地质年龄最古老的燕山山脉，在200多条断层中修建了一条12394米长的引水隧洞，成为中国目前最长的一条水利隧洞。工程建成通水后不但缓解了天津的供水困难，提供了可靠水源，加速了工业发展，减轻了地下水开采强度，而且成为天津市一道亮丽的文化生态风景线。

ལོན་ཆུར་ཐེན་ཅིན་འདྲེན་པའི་བཟོ་སྐྲུན་ནི་ཀྲུང་གོའི་ཆུ་མགོ་འདོན་བཟོ་སྐྲུན་ཆེ་གྲས་ཤིག་ཡིན་པ་དང་། བཟོ་སྐྲུན་འདི1982ལོར་ལས་མགོ་ཚུགས་པ་དང1983ལོའི་ཟླ9པར་ལེགས་གྲུབ་བྱུང་། འདི་ནི་ཧོ་པེ་ཞིང་ཆེན་མངའ་ཁོངས་ཀྱི་ལོན་ཆུ་འབབ་རྒྱུད་བརྒལ་ནས་ཐེན་ཅིན་གྲོང་ཁྱེར་དུ་འདྲེན་པའི་གྲོང་ཁྱེར་གྱི་ཆུ་མགོ་འདོན་བཟོ་སྐྲུན་ཞིག་ཡིན། བཟོ་སྐྲུན་འདི་ཏ་ཧྲེ་ཐིང་ཆུ་མཛོད་ནས་མགོ་བརྩམས་ཏེ། ཆུ་འདྲེན་མ་ཡུར་བརྒྱུད་དེ་ཚན་ཞི་དང་ཙུན་ཧྭ་བརྒྱུད་ནས་ཐེན་ཅིན་གྲོང་ཁྱེར་ཅི་ཛོང་ཡུས་ཚའོ་ཆུ་མཛོད་དུ་སླེབས་ཤིང་། དེ་ནས་པའོ་ཏི་ཆུས་ནས་དབྱི་ཞིན་ཕུའུ་ཆུ་འཐེན་ས་ཚིགས་བར་ཡིན། ཆུ་འདྲེན་ལམ་ཐིག་གི་སྤྱིའི་རིང་ཚད་ལ་སྤྱི་ལེ234ཡོད་ཅིང་། ཐེན་ཅིན་གྱི་དཔལ་འབྱོར་དང་སྤྱི་ཚོགས་འཕེལ་རྒྱས་ཀྱི་འཚོ་གནས་ཀྱི"སྲོག་རྩ"ཞིག་ཏུ་གྱུར་ཡོད་ལ། ཐེན་ཅིན་མི་དམངས་ཀྱིས་ཚྭ་ཆུ་དང་ཆུ་ཁ་མོ་འཐུང་དགོས་པའི་ལོ་རྒྱུས་མཇུག་སྒྲིལ་བ་ཡིན།

ལོན་ཆུར་ཐེན་ཅིན་འདྲེན་པའི་བཟོ་སྐྲུན་གྱིས་ཆུ་ལམ་སྤྱི་ལེ108བཅོས་སྒྲིག་བྱས་པ་དང་། ཆུ་འདྲེན་ཡུར་བུ་སྟོང་སྨི64ཐོག་འདོན་དང་ཏའོ་ཧོང་ཞི12བཟོས་པ། ལམ་འོག་གི་ཆུ་རྒྱུད་ཁུང་བུ5 ཆུ་སྒོ7བཅས་བསྐྲུན་པ་དང་། ཆུ་འདྲེན་ལྟེ་གནས་དང་ཆུ་འདྲེན་ཕུག་ལམ། ཆུ་ལམ་བཅོས་སྒྲིག་བཟོ་སྐྲུན། ཡུས་ཚའོ་ཆུ་མཛོད། ཨེར་ཕང་ཀྲོང་ཆུ་མཛོད། ཆུ་འཐེན་ས་ཚིགས། ཆུ་འདྲེན་ཡུར་བུ་དང་དེའི་ཆུ་ཡུར་སོགས་བཟོ་སྐྲུན་ཁག215ལས་གྲུབ་པ་ཡིན། ཆུ་འདྲེན་སྐྱུད་ལམ་བཟོ་སྐྲུན་ཁྲོད་དུ་དཀའ་ཚོགས་ཆེས་ཆེ་ཤོས་ནི་ཀྲུང་གོའི་ས་གཤིས་ལོ་ཚད་ཆེས་རིང་བའི་ཡན་ཧྲན་རི་རྒྱུད་བརྒྱུད་དགོས་པ་དང་། གས་སྤུབས200ལྷག་ཙམ་གྱི་ཁྲོད་དུ་རིང་ཚད་སྨི12394ཡོད་པའི་ཆུ་འདྲེན་ཕུག་ལམ་ཞིག་བསྐྲུན་པས་ཀྲུང་གོའི་མིག་སྔའི་ཆུ་བེད་ཕུག་ལམ་ཆེས་རིང་ཤོས་སུ་གྱུར་ཡོད། བཟོ་སྐྲུན་གྲུབ་ནས་ཆུ་ཤར་གཏོང་བྱས་རྗེས་ཐེན་ཅིན་གྱི་ཆུ་མགོ་འདོན་གྱི་དཀའ་ངལ་སེལ་བར་མ་ཟད། ཆུ་ཁུངས་ཡིད་རྟོན་རུང་བ་མཁོ་འདོན་བྱས་པ་དང་བཟོ་ལས་འཕེལ་རྒྱས་ཇེ་མགྱོགས་སུ་བཏང་བ། ས་འོག་གི་ཆུ་ཐོག་ཚད་ཇེ་ཉུང་དུ་བཏང་བས། ཐེན་ཅིན་གྲོང་ཁྱེར་གྱི་མཛེས་སྡུག་ལྡན་པའི་རིག་གནས་སྐྱེ་ཁམས་ཀྱི་མཛེས་ལྗོངས་ཤིག་ཏུ་གྱུར་ཡོད་དོ། །

34 三峡工程
འབྲི་ཆུའི་འགག་གསུམ་བཟོ་སྐྲུན།

三峡工程是目前世界上规模最大的水利枢纽工程和清洁能源基地，也是我国有史以来建设最大型的工程项目。三峡工程分三期，总工期18年。工程包括一座混凝土重力式大坝，一座堤后式水电站，一座永久性通航船闸和一架升船机。三峡工程建筑由大坝、水电站厂房和通航建筑物三大部分组成。大坝坝顶总长3035米，坝高185米，水电站左岸设14台，右岸设18台，共32台，前排容量为70万千瓦的小轮发电机组，总装机容量为2250万千瓦时，年发电量988亿千瓦时。通航建筑物位于左岸，永久通航建筑物为双线五包连续级船闸，以及早线一级垂直升船机。

放眼世界，人类征服自然、改造自然的壮举中有许多规模宏大、技术高超的工程杰作，长江三峡水利枢纽工程当属其中。1994年6月在巴塞罗那召开的全球超级工程会议上，三峡工程被列为全球超级工程之一。它在工程规模、科学技术和综合利用效益等方面都堪为世界级工程的前列，它不仅为我国带来了巨大的经济效益，还为世界水利水电技术和相关科技的发展做出了有益的贡献。

འབྲི་ཆུའི་འགག་གསུམ་བཟོ་སྐྲུན་ནི་མིག་སྔར་འཛམ་གླིང་སྟེང་གི་གཞི་ཁྱོན་ཆེས་ཆེ་བའི་ཆུ་བེད་འགག་རྫའི་བཟོ་སྐྲུན་དང་ནུས་ཁུངས་གཙང་མའི་རྟེན་གཞི་ཡིན་ལ། རང་རྒྱལ་གྱི་ལོ་རྒྱུས་སྟེང་གི་འཛུགས་སྐྲུན་ཆེ་ཤོས་ཀྱི་བཟོ་སྐྲུན་རྣམ་གྲངས་ཤིག་ཀྱང་ཡིན། འབྲི་ཆུའི་འགག་གསུམ་བཟོ་སྐྲུན་ནི་དུས་རིམ་གསུམ་ལ་དབྱེ་ཡོད་པ་དང་ལས་ཡུན་སྤྱི་བསྡོམས་ལོ་ངོ18ཡིན། བཟོ་སྐྲུན་དེ་ལ་ཨར་འདམ་གྱི་ཕྱིད་ཤུགས་རྣམ་པའི་རགས་ཆེན་གཅིག་དང་། ཆུ་རགས་རྒྱབ་རྣམ་པའི་ཆུ་ཤུགས་གློག་ཁང་གཅིག ཡུན་རིང་རང་བཞིན་གྱི་གྲུ་གཏོང་གྲུ་སྒོ་གཅིག་དང་གྲུ་འདེགས་འཕྲུལ་འཁོར་གཅིག་བཅས་འདུས། འབྲི་ཆུའི་འགག་གསུམ་བཟོ་སྐྲུན་ནི་རགས་ཆེན་དང་ཆུ་ཤུགས་གློག་ཁང་གི་བཟོ་ཁང་། གྲུ་གཟིངས་ཤར་གཏོང་བཟོ་བཀོད་བཅས་ཁག་གསུམ་ལས་གྲུབ། ཆུ་རགས་ཀྱི་རགས་མགོའི་སྤྱིའི་རིང་ཚད་ལ་སྨི3035དང་ཆུ་རགས་ཀྱི་མཐོ་ཚད་ལ་སྨི185ཡོད། ཆུ་ཤུགས་གློག་ཁང་གི་གཡོན་ངོགས་སུ་སྡེ་གས14དང་གཡས་ངོགས་སུ་སྡེ་གས18བཅས་བཙུགས་ཡོད་ཅིང་ཁྱོན་བསྡོམས་སྡེ་གས32ཡོད། མདུན་གྲལ་དུ་ཤོང་ཚད་ཆན་ཝ་ཁྲི70ཟིན་པའི་འཁོར་ཆུང་གློག་གཏོང་འཕྲུལ་འཁོར་ཚན་པ་ཡོད་པ་དང་། སྤྱིའི་གློག་འདོན་འཕྲུལ་འཁོར་གྱི་གློག་འདོན་ཚད་ཆན་ཝ་ཆུ་ཚོད་ཁྲི2250ཟིན་ཞིང་། ལོ་རེའི་གློག་གཏོང་ཚད་ཆན་ཝ་ཆུ་ཚོད་དུང་ཕྱུར988ཡིན། གྲུ་གཏོང་བཟོ་བཀོད་ནི་གཡོན་ངོགས་སུ་གནས་པ་དང་། ཡུན་རིང་གྲུ་ཤར་གཏོང་བཟོ་བཀོད་ནི་ཉིས་ཐིག་ལྔ་རྩེད་རིམ་མཐུད་རིམ་པའི་གྲུ་སྒོ་དང་། དེ་བཞིན་སྔ་ཐིག་རིམ་པ་དང་པོའི་ཐད་འཕྱང་གྲུ་འདེགས་འཕྲུལ་འཁོར་ཡིན།

འཛམ་གླིང་ཡོངས་ལ་བལྟས་ན། མིའི་རིགས་ཀྱིས་རང་བྱུང་ཁམས་འདུལ་བ་དང་རང་བྱུང་ཁམས་བསྒྱུར་བཀོད་བྱེད་པའི་བྱ་སྤྱོད་ཁྲོད་དུ། གཞི་ཁྱོན་ཆེ་བ་དང་ལག་རྩལ་རྩེར་སོན་གྱི་བཟོ་སྐྲུན་ཕུལ་བྱུང་མང་པོ་ཡོད་པ་དང་། འབྲི་ཆུའི་འགག་གསུམ་ཆུ་བེད་འགག་རྫའི་བཟོ་སྐྲུན་ཡང་འདིའི་ཁོངས་སུ་གཏོགས་པ་ཡིན། 1994ལོའི་ཟླ6པར་པ་སད་ལོ་ནར་འཚོགས་པའི་འཛམ་གླིང་རྡིལ་པོའི་རིམ་འདས་བཟོ་སྐྲུན་ཚོགས་འདུའི་སྟེང་དུ། འབྲི་ཆུའི་འགག་གསུམ་བཟོ་སྐྲུན་ནི་འཛམ་གླིང་རྡིལ་པོའི་རིམ་འདས་བཟོ་སྐྲུན་གྱི་གྲས་སུ་བདམས་པ་དང་། དེའི་བཟོ་སྐྲུན་གྱི་གཞི་ཁྱོན་དང་ཚན་རིག་ལག་རྩལ། ཕྱོགས་བསྡུས་བེད་སྤྱོད་ཀྱི་ཕན་འབྲས་སོགས་ཀྱི་ཐད་ནས་འཛམ་གླིང་རིམ་པའི་བཟོ་སྐྲུན་གྱི་རྩེ་གྲར་སླེབས་ཡོད། འདིས་རང་རྒྱལ་ལ་དཔལ་འབྱོར་ཕན་འབྲས་ཆེན་པོ་ཐོན་པར་མ་ཟད། ད་དུང་འཛམ་གླིང་གི་ཆུ་བེད་ཆུ་གློག་ལག་རྩལ་དང་འབྲེལ་ཡོད་ཚན་རྩལ་འཕེལ་རྒྱས་གཏོང་བར་དགེ་མཚན་ལྡན་པའི་བྱས་རྗེས་བཞག་ཡོད་དོ། །

35 白鹤滩水电站

པའེ་ཧོ་ཐན་ཆུ་ཤུགས་གློག་ཁང་།

2022年1月，16台百万千瓦水轮发电机组转子全部吊装完成，白鹤滩水电站正式投入商用，金沙江上再添一座千万千瓦级巨型水电站。建设过程中，所攻克的发动机散热、新型材料等系列技术难关，实现完全自主创新的百万机组备受瞩目。水电站枢纽由拦河坝、泄洪消能设施、引水发电系统等主要建筑物组成，具有以发电为主，兼有防洪、拦沙、改善下游航运条件和发展库区通航等综合效益。水库正常蓄水位825米，相应库容206亿立方米。

白鹤滩水电站位于四川宁南和云南巧家境内的金沙江下游干流河段，作为世界在建规模最大、综合技术难度最高的中国第二大水电站，首次采用的国产百万千瓦级水轮发电机组是世界水电的巅峰之作。白鹤滩水电站大坝建设过程创造了多项世界纪录：300米级高拱坝抗震参数世界第一；单机容量居世界第一；地下洞室群规模居世界第一；首次全坝使用低热水泥混凝土。大坝承受总水推力达1650万吨，世界第二。拱坝坝高289米，世界第三。2021年5月，入选世界前十二大水电站。

2022ལོའི་ཟླ1པར། ཆབ་ཕ་ཁྲི་བརྒྱ་ཟིན་པའི་ཆུ་འཕོར་གྱི་གློག་གཏོང་འཕྲུལ་ཚན16ཚང་མ་དཔྱང་སྦྲིག་བྱས་ཟིན་པ་དང་། པའི་ཧོ་ཐན་ཆུ་ཤུགས་གློག་ཁང་དངོས་སུ་ཚོང་སྤྱོད་བྱེད་མགོ་ཚུགས་པས། འབྲི་ཆུའི་སྟེང་དུ་ཡང་བསྐྱར་ཆབ་ཕ་ཁྲི་སྟོང་རིམ་པའི་ཆུ་ཤུགས་གློག་ཁང་ཆེ་གྲས་ཤིག་བསྣན་པ་ཡིན། འཛུགས་སྐྲུན་བྱེད་པའི་བརྒྱུད་རིམ་ཁྲོད་དུ། སྤྲུལ་བྱེད་འཕྲུལ་འཕོར་གྱི་ཚ་སེལ་དང་རྒྱུ་ཆ་གསར་བ་སོགས་ལག་རྩལ་གྱི་དཀའ་གནད་རབ་དང་རིམ་པ་བསལ་ཏེ། ཕྱོགས་ཡོངས་ནས་རང་བདག་གསར་གཏོད་བྱེད་པའི་འཕྲུལ་ཚན་ཁྲི་བརྒྱ་ལྷག་ཙམ་ལ་དོ་སྣང་ཆེན་པོ་བྱེད་པ་མངོན་འགྱུར་བྱས། ཆུ་ཤུགས་གློག་ཁང་གི་འགག་རྩ་ནི་ཆུ་འགོག་ཆུ་རགས་དང་ཆུ་ལོག་བཤང་བའི་ནུས་སེལ་སྒྲིག་བཀོད། ཆུ་འདྲེན་གློག་གཏོང་མ་ལག་སོགས་བཟོ་བཀོད་གཙོ་བོ་ལས་གྲུབ་ཅིང་། གློག་གཏོང་གཙོ་བོར་བྱེད་པ་དང་ཆུ་ལོག་འགོག་པ། བྱེ་མ་འགོག་པ། སྨད་རྒྱུད་ཀྱི་ཆུ་ཐོག་སྐྱེལ་འདྲེན་གྱི་ཆ་རྐྱེན་ཇེ་ལེགས་སུ་གཏོང་བ། ཆུ་མཛོད་ཁུལ་གྱི་གྲུ་གཏོང་འཕེལ་རྒྱས་སུ་གཏོང་བ་སོགས་ཀྱི་ཕྱོགས་བསྡུས་ཕན་འབྲས་ལྡན། ཆུ་མཛོད་ཀྱི་རྒྱུན་གཏན་ཆུ་གསོག་ཆུ་གནས་སྨི825དང་དེ་མཚུངས་ཀྱི་ཆུ་མཛོད་ཤོང་ཚད་སྨི་ཀྲ་དཔངས་གྲུ་བཞི་དུང་ཕྱུར206ཡིན།

པའི་ཧོ་ཐན་ཆུ་ཤུགས་གློག་ཁང་ནི་སི་ཁྲོན་ཞིང་ཆེན་དང་ཡུན་ནན་ཞིང་ཆེན་གཉིས་ཀྱི་མཚམས་ཀྱི་འབྲི་ཆུའི་སྨད་རྒྱུད་ཀྱི་ཆུ་གཞུང་གི་ཆུ་རྒྱུད་དུ་གནས་པ་དང་། དེ་ནི་འཛམ་གླིང་སྟེང་གི་སྐྲུན་བཞིན་པའི་གཞི་ཁྱོན་ཆེས་ཆེ་ཤོས་དང་ཕྱོགས་བསྡུས་ལག་རྩལ་གྱི་དཀའ་ཚད་ཆེས་ཆེ་བའི་ཀྲུང་གོའི་ཆུ་ཤུགས་གློག་ཁང་ཆེ་གྲས་ཨང་གཉིས་པ་ཡིན་པའི་ཆ་ནས། ཐོག་མར་རང་རྒྱལ་གྱིས་བཟོས་པའི་ཆབ་ཕ་ཁྲི་བརྒྱ་རིམ་པའི་ཆུ་ཤུགས་གློག་འདོན་འཕྲུལ་ཚན་ནི་འཛམ་གླིང་ཆུ་གློག་གི་རྩེར་སོན་ལག་རྩལ་སྤྱོད་ཡོད། པའི་ཧོ་ཐན་ཆུ་ཤུགས་གློག་ཁང་གི་རགས་ཆེན་འཛུགས་སྐྲུན་ཁྲོད་དུ། འཛམ་གླིང་གི་ཟིན་ཐོ་མང་པོ་བསྐྲུན་ཡོད་དེ། སྨི300རིམ་པའི་གཞུ་དབྱིབས་མཐོ་བའི་ཆུ་རགས་ཀྱི་ཡོམ་འགོག་དཔྱད་གྲངས་འཛམ་གླིང་གི་ཨང་དང་པོར་སླེབས་པ་དང་། འཕྲུལ་འཕོར་རྐྱང་པའི་ཤོང་ཚད་འཛམ་གླིང་གི་ཨང་དང་པོར་སླེབས་པ། ས་འོག་གི་བྲག་ཁུང་ཚོགས་ཀྱི་གཞི་ཁྱོན་འཛམ་གླིང་གི་ཨང་དང་པོར་སླེབས་པ། ཐོག་མར་ཆུ་རགས་ཧྲིལ་པོར་ཚ་དམའ་བའི་བསྲེས་འདམ་བེད་སྤྱོད་བྱས་པ་བཅས་ཡིན། རགས་ཆེན་གྱིས་སྲིའི་ཆུ་འགོག་ཤུགས་ཚུན་ཁྲི1650ལ་སླེབས་པ་དང་འཛམ་གླིང་གི་ཨང་གཉིས་པ་ཟིན། ཆུ་རགས་ཀྱི་མཐོ་ཚད་ལ་སྨི289ཡོད་ཅིང་འཛམ་གླིང་གི་ཨང་གསུམ་པ་ཟིན། 2021ལོའི་ཟླ5པར་འཛམ་གླིང་གི་ཆུ་ཤུགས་གློག་ཁང་ཆེ་གྲས་བཅུ་གཉིས་ཁྲོད་དུ་བདམས་སོ། །

36 乌东德水电站
ཝུའུ་ཏུང་ཏེ་ཆུ་ཤུགས་གློག་ཁང་།

在四川、云南两省的西部横断山区，奔腾而过的金沙江蕴藏着潜力巨大的水能资源。乌东德水电站，就坐落在云南省禄劝县和四川省会东县交界的金沙江干流上。它是党的十八大以来我国开工建设并投产的首个千万千瓦级、世界级巨型水电站，是实施“西电东送”的国家重大工程，也是中国第四、世界第七大水电站，拥有目前世界上已投产单机容量最大的水轮发电机组。

乌东德水电站于2015年全面开工建设，2021年全部机组正式投产发电。它是金沙江下游四个梯级电站(乌东德、白鹤滩、溪洛渡、向家坝)的第一梯级，是中国第四座、世界第七座跨入千万千瓦级行列的巨型水电站。乌东德水电站总装机容量1020万千瓦，总库容74.08亿立方米，调节库容30亿立方米，防洪库容24.4亿立方米，年均发电量达389.1亿千瓦时。乌东德水电站挡水建筑物为混凝土双曲拱坝，坝顶高程988米，最大坝高270米，底厚51米，厚高比仅为0.19，是世界上最薄的300米级特高拱坝，也是世界首座全坝应用低热水泥混凝土浇筑的特高拱坝。

སི་ཁྲོན་དང་ཡུན་ནན་ཞིང་ཆེན་གཉིས་ཀྱི་ནུབ་རྒྱུད་འཕྲེད་རྒྱུག་རི་ཁྲུལ་དུ་ཡང་ཡོང་དུ་རྒྱུག་པའི་འབྲི་ཆུར་མི་མངོན་པའི་ནུས་ཆེན་ལྡན་པའི་ཆུ་ནུས་ཐོན་ཁུངས་ཡོད་པ་དང་། ཕྲུའུ་ཧྲུང་ཧེ་ཆུ་ཤུགས་གློག་ཁང་ནི་ཡུན་ནན་ཞིང་ཆེན་ལྷུའུ་ཆོན་རྫོང་དང་སི་ཁྲོན་ཞིང་ཆེན་ཧུའི་ཧྲུང་རྫོང་གི་འབྲེལ་མཚམས་ཀྱི་འབྲི་ཆུའི་གཞུང་རྒྱུད་དུ་གནས་ཡོད། དེ་ནི་ཧྲང་གི་ཚོགས་ཆེན་བཅོ་བརྒྱད་པ་འཚོགས་རྗེས་རང་རྒྱལ་གྱིས་སྔུན་མགོ་ཚུགས་པ་དང་ཐོན་སྐྱེད་བྱེད་མགོ་ཚུགས་པའི་ཆན་ཕ་ཁྲི་སྟོང་རིམ་པ་དང་འཛམ་གླིང་རིམ་པའི་ཆུ་ཤུགས་གློག་ཁང་ཆེ་གྲས་ཐོག་མ་ཡིན་ལ། "ནུབ་གློག་ཤར་འདྲེན"རྒྱལ་ཁབ་ཀྱི་བཟོ་སྐྲུན་གལ་ཆེན་ཞིག་ཡིན། ཀྲུང་གོའི་ཨང་བཞི་པ་དང་འཛམ་གླིང་གི་ཨང་བདུན་པའི་ཆུ་ཤུགས་གློག་ཁང་ཡིན་པ་དང་། མིག་སྔར་འཛམ་གླིང་སྟེང་གི་འཕྲུལ་འཁོར་རྐྱང་པའི་ཤོང་ཚད་ཆེས་ཆེ་བའི་ཆུ་འཁོར་གློག་གཏོང་འཕྲུལ་ཆས་ཡིན།

ཕྲུའུ་ཧྲུང་ཧེ་ཆུ་ཤུགས་གློག་ཁང་ནི2015ལོར་ཁྲིན་ཡོངས་ནས་སྔུན་མགོ་ཚུགས་པ་དང2021ལོར་འཕྲུལ་ཆས་ཡོངས་ལེགས་འགྲུབ་བྱུང་ནས་དངོས་སུ་གློག་གཏོང་མགོ་བརྩམས། འདི་ནི་འབྲི་ཆུའི་སྨད་རྒྱུད་ཀྱི་སྐས་རིམ་གློག་ཁང་བཞི(ཕྲུའུ་ཧྲུང་ཧེ་དང་པའེ་ཧོ་ཐན། ཞི་ལོ་ཏུའུ། ཞང་ཅ་པ)ཡི་སྐས་རིམ་དང་པོ་ཡིན་པ་དང་། ཀྲུང་གོའི་ཨང་བཞི་པ་དང་འཛམ་གླིང་གི་ཨང་བདུན་པའི་སྟོང་ཁྲི་ཆན་ཕ་རིམ་པའི་གྲས་སུ་ཚུད་པའི་ཆུ་ཤུགས་གློག་ཁང་ཆེ་གྲས་ཤིག་ཡིན། ཕྲུའུ་ཧྲུང་ཧེ་ཆུ་ཤུགས་གློག་ཁང་གི་སྒྲིག་སྦྱོར་བྱས་པའི་འཕྲུལ་འཁོར་གྱི་གློག་འདོན་ཚད་ཆན་ཕ་ཁྲི1020ཟིན་པ་དང་། སྤྱིའི་ཆུ་མཛོད་ཀྱི་ཤོང་ཚད་སྤྱི་ཀྲོ་དཔངས་གྲུ་བཞི་མ་དུང་ཕྱུར74.08 སྙོམ་སྒྲིག་ཆུ་མཛོད་ཀྱི་ཤོང་ཚད་སྤྱི་ཀྲོ་དཔངས་གྲུ་བཞི་མ་དུང་ཕྱུར30 ཆུ་ལོག་འགོག་པའི་ཆུ་མཛོད་ཀྱི་ཤོང་ཚད་སྤྱི་ཀྲོ་དཔངས་གྲུ་བཞི་མ་དུང་ཕྱུར24.4 ལོ་རེར་ཆ་སྙོམས་གློག་གཏོང་ཚད་ཆན་ཕ་ཆུ་ཚོད་དུང་ཕྱུར389.1བཅས་ཡིན། ཕྲུའུ་ཧྲུང་ཧེ་ཆུ་ཤུགས་གློག་ཁང་གི་ཆུ་འགོག་བཟོ་བཀོད་ནི་བསྡིས་འདམ་གྱི་འཁྱོག་ཟུར་ཆུ་རགས་ཡིན། ཆུ་རགས་ཀྱི་མཐོ་ཚད་ལ་སྨི988དང་རགས་ཆེན་གྱི་མཐོ་ཚད་ལ་སྨི270 ཞབས་ཀྱི་མཐུག་ཚད་ལ་སྨི51 མཐུག་ཚད་དང་མཐོ་ཚད་ཀྱི་བསྡུར་ཚད་ནི0.19ལས་ཟིན་མེད་པས། འཛམ་གླིང་སྟེང་གི་ཆེས་སྲབ་པའི་སྨི300རིམ་པའི་དམིགས་བསལ་མཐོ་ཚད་ཀྱི་ཆུ་རགས་ཤིག་ཡིན་ལ། འཛམ་གླིང་སྟེང་གི་ཆེས་ཐོག་མའི་ཆུ་རགས་རྡིལ་པོའི་རྒྱུའི་རྫོང་ཚད་དམའ་མོའི་བསྡིས་འདམ་སླུགས་ནས་བརྩིགས་པའི་ཆེས་མཐོ་བའི་ཆུ་རགས་ཀྱང་ཡིན་ནོ། །

37 溪洛渡水电站

ཞི་ལོ་ཏུའུ་ཆུ་ཤུགས་གློག་ཁང་།

溪洛渡水电站是国家“西电东送”骨干工程，地处云南永善与四川雷波接壤的溪洛渡峡谷段，是一座以发电为主，兼有拦沙、防洪和改善下游航运等综合功能的大型水电站，也是金沙江下游四个巨型水电站中最大的一个。年均发电量571.2亿千瓦时，位居世界第三，是中国第二大水电站。相比“四肢发达”的重力坝，300米级坝高、双曲拱坝设计的溪洛渡大坝开创了智能化大坝的先河，以中国质量、中国设计、中国速度挑战了多项世界之最：最大拱坝泄洪功率、最大地下电站、最长地下厂房、最大地下洞室群等。2016年，溪洛渡水电站获得“菲迪克”奖，被业界称为世界上最“聪明”的大坝。

溪洛渡水库区处于攀西——六盘水地区的核心地带，是我国资源最富集的地区之一，被誉为“聚宝盆”。由于开发利用十分有限，这里的经济仍然落后，与全国经济形成极大反差。溪洛渡水电站对实现我国能源合理配置、改善电源结构、改善生态环境，促进西部地区特别是川、滇金沙江两岸少数民族地区的经济发展，促进长江流域经济可持续发展具有深远的历史意义和作用。

ཞི་ལོ་ཏུའུ་ཆུ་ཤུགས་གློག་ཁང་ནི་རྒྱལ་ཁབ་ཀྱི"ནུབ་གློག་ཤར་གཏོང"གི་རྐང་འཛིན་བཟོ་སྐྲུན་ཡིན་པ་དང་། ཡུན་ནན་ཡུང་ཧྲན་དང་སི་ཁྲོན་ལི་ཕོའི་སྤེལ་མཚམས་ཀྱི་ཞི་ལོ་ཏུའུ་གྲོག་རོང་གི་དུམ་མཚམས་སུ་གནས། དེ་ནི་གློག་གཏོང་གཙོ་བོར་བྱེད་ཅིང་བྱེ་མ་འགོག་པ་དང་ཆུ་ལོག་འགོག་པ། སྐད་རྒྱུད་ཀྱི་ཆུ་ཐོག་སྐྱེལ་འདྲེན་ཇེ་ལེགས་སུ་གཏོང་བ་སོགས་ཕྱོགས་བསྡུས་ནུས་པ་ལྡན་པའི་ཆུ་ཤུགས་གློག་ཁང་ཆེ་གྲས་ཤིག་ཡིན་ལ། འབྲི་ཆུའི་སྐད་རྒྱུད་ཀྱི་ཆུ་ཤུགས་གློག་ཁང་ཆེ་གྲས་བཞིའི་གྲས་ཀྱི་ཆེ་ཤོས་ཤིག་ཀྱང་ཡིན། ལོ་རེར་ཆ་སྙོམས་གློག་གཏོང་ཚད་ཆན་ཕ་ཆུ་ཚོད་དུང་ཕྱུར571.2ཟིན་པས། འཛམ་གླིང་གི་ཨང་གསུམ་པར་ཟིན་པ་དང་ཀྲུང་གོའི་ཆུ་ཤུགས་གློག་ཁང་ཆེ་གྲས་ཨང་གཉིས་པ་ཡིན། "རྐང་ལག་དར་བའི"ལྡིད་ཤུགས་ཆུ་རགས་དང་བསྡུར་ན། སྨི300རིམ་པའི་ཆུ་རགས་ཀྱི་མཐོ་ཚད་དང་གཞུ་དབྱིབས་གཉིས་ལྡན་གྱི་ཆུ་རགས་འཆར་འགོད་བྱས་པའི་ཞི་ལོ་ཏུའུ་རགས་ཆེན་གྱིས་རིག་ནུས་ཅན་རགས་ཆེན་གྱི་ སྔ་སྲོལ་བརྟོད་ཡོད། དེས་ཀྲུང་གོའི་ཐུས་ཚད་དང་ཀྲུང་གོའི་འཆར་འགོད། ཀྲུང་གོའི་སྒྱུར་ཚད་བཅས་ཀྱིས་འཛམ་གླིང་གི་ཆུ་རགས་ཆེ་ཤོས་མང་པོ་ཞིག་ལ་འགྲན་སློང་བྱས་ཡོད་དེ། གཞུ་དབྱིབས་ཆུ་རགས་ཆེས་ཆེ་བ་དང་ས་འོག་གློག་ཁང་ཆེས་ཆེ་བ། ས་འོག་བཟོ་ཁང་ཆེས་རིང་བ། ས་འོག་ཕུག་ཁང་ཆེས་ཆེ་བའི་ཚོགས་པའི་མིང་ཐོགས་ཡོད། 2016ལོར་ཞི་ལོ་ཏུའུ་ཆུ་ཤུགས་གློག་ཁང་ལ"ཧྲེ་ཏི་ཁེ"ཞེས་པའི་བྱ་དགའ་ཐོབ་པ་དང་ལས་རིགས་གཅིག་པའི་མཁས་དབང་རྣམས་ཀྱིས་འཛམ་གླིང་སྟེང་གི་ཆེས"སྤྱང་གྲུང"ལྡན་པའི་རགས་ཆེན་ཞེས་འབོད་བཞིན་ཡོད།

ཞི་ལོ་ཏུའུ་ཆུ་མཛོད་ཁུལ་ནི་ཕན་ཧྲུའི་སྡེ་ཝེའུ་ཕན་ཧྲུའི་ས་ཁུལ་གྱི་ལྟེ་བའི་ཁུལ་དུ་གནས་པ་དང་། རང་རྒྱལ་གྱི་ཐོན་ཁུངས་ཆེས་མང་འདུས་ས་ཁུལ་གྱི་གྲས་ཤིག་ཡིན་པས"ནོར་གཞོང"ཞེས་འབོད་པ་ཡིན། གསར་སྤེལ་བེད་སྤྱོད་བྱེད་པར་ཚད་ཡོད་པས། འདི་གའི་དཔལ་འབྱོར་སྟར་བཞིན་རྗེས་ལུས་ཡིན་པ་དང་། རྒྱལ་ཡོངས་ཀྱི་དཔལ་འབྱོར་དང་ཁྱད་པར་ཧ་ཅང་ཆེན་པོ་ལྡན། ཞི་ལོ་ཏུའུ་ཆུ་ཤུགས་གློག་ཁང་གིས་རང་རྒྱལ་གྱི་ནུས་ཁུངས་བཀོད་སྒྲིག་ལུགས་མཐུན་དང་གློག་ཁུངས་ཀྱི་གྲུབ་ཆ་ཇེ་ལེགས་སུ་གཏོང་བ། སྐྱེ་ཁམས་ཁོར་ཡུག་ཇེ་ལེགས་སུ་གཏོང་བ་སོགས་མངོན་འགྱུར་བྱས་ཤིང་། ནུབ་རྒྱུད་ས་ཁུལ་དང་ལྷག་པར་དུ་སི་ཁྲོན་དང་ཡུན་ནན་གྱི་འབྲི་ཆུའི་ངོགས་གཉིས་ཀྱི་གྲོངས་ཞུང་མི་རིགས་ས་ཁུལ་གྱི་དཔལ་འབྱོར་འཕེལ་རྒྱས་ལ་སྐུལ་འདེད་དང་། འབྲི་ཆུ་འབབ་ཡུལ་ས་ཁུལ་གྱི་དཔལ་འབྱོར་རྒྱུན་མཐུད་འཕེལ་རྒྱས་ལ་སྐུལ་འདེད་གཏོང་བར་གཏིང་ཟབ་པའི་ལོ་རྒྱུས་དོན་སྙིང་དང་ནུས་པ་ལྡན་ནོ། །

38 向家坝水电站

ཞང་ཅ་པ་ཆུ་ཤུགས་གློག་ཁང་།

向家坝水电站位于云南昭通与四川宜宾交界的金沙江下游河段，是金沙江水电基地下游4级开发中最末的一个梯级电站，也是国内输送电压等级最高、最先进的电力系统之一。2006年11月开工建设，2014年全面投产发电。枢纽工程由混凝土重力坝、右岸地下厂房及左岸坝后厂房、通航建筑物和两岸灌溉取水口组成。坝型为重力坝，坝顶高程383米，最大坝高161米，坝顶长度909.3米，正常蓄水位380米，年平均发电量307.47亿千瓦时。向家坝水电站采用世界最大单体升船机，使千吨级的超大型船舶过坝仅需15分钟时间，可谓“兵贵神速”。

向家坝、溪洛渡水电站的建成解决了三峡最大的心病——泥沙淤积。为克服金沙江松软的地质条件而打造了世界上最大规模的沉井群；除此之外，因为临近城市，建设了技术难度更大、维护成本更高、世界上最大的两个大型洪水消力池；为解决向家坝砂石骨料供应问题而建造了世界上最长的砂石骨料输送带，连采用的缆机都是亚洲第一大跨度的巨型国产缆机。2021年，向家坝水电站入选世界前十二大水电站，排名第十一。

ཞང་ཙ་པ་ཆུ་ཤུགས་གློག་ཁང་ནི་ཡུན་ནན་ཀྲའོ་ཐུང་དང་སི་ཁྲོན་དབྱི་པིན་སྤྲེལ་མཚམས་ཀྱི་འབྲི་ཆུའི་སྨད་རྒྱུད་ཀྱི་ཆུ་བོའི་དུམ་མཚམས་སུ་གནས་པ་དང་། དེ་ནི་འབྲི་ཆུའི་ཆུ་གློག་རྟེན་གཞིའི་སྨད་རྒྱུད་རིམ་པ4པའི་གསར་སྤེལ་ཁྲོད་ཀྱི་སྐས་རིམ་གློག་ཁང་མཐའ་མ་ཡིན་ལ། རྒྱལ་ནང་གི་གློག་གཏོང་གློག་གནོན་རིམ་པ་མཐོ་ཤོས་དང་ཆེས་སྟོན་ཐོན་གྱི་གློག་ཤུགས་མ་ལག་གྲས་ཀྱི་གཅིག་ཀྱང་ཡིན། 2006ལོའི་ཟླ11པར་ལས་མགོ་ཚུགས་པ་དང2014ལོར་ཕྱོགས་ཡོངས་ནས་གློག་གཏོང་མགོ་ཚུགས། འགག་རྫའི་བཟོ་སྐྲུན་ནི་བསྲེས་འདམ་གྱི་ལྷིད་ཤུགས་ཆུ་རགས་དང་། གཡས་ངོགས་ཀྱི་ས་འོག་བཟོ་ཁང་དེ་བཞིན་གཡོན་ངོགས་ཀྱི་ཆུ་རགས་རྒྱབ་ཀྱི་བཟོ་ཁང་། གྲུ་གཏོང་བཟོ་བཀོད། ངོགས་གཉིས་ཀྱི་ཞིང་སར་ཆུ་འདྲེན་ཆུ་ལེན་བཅས་ཀྱི་གྲུབ། རགས་དབྱིབས་ནི་ལྷིད་ཤུགས་ཆུ་རགས་ཡིན་པ་དང་རགས་རྩེའི་མཐོ་ཚད་ལ་སྨི383 རགས་ཆེན་གྱི་མཐོ་ཚད་ལ་སྨི161 རགས་རྩེའི་རིང་ཚད་ལ་སྨི909.3 རྒྱུན་ལྡན་གྱི་ཆུ་གསོག་ཚད་སྨི380 ལོ་རེར་ཆ་སྙོམས་གློག་གཏོང་ཚད་ཆན་ཕ་ཆུ་ཚོད་དུང་ཕྱུར307.47བཅས་ཡིན། ཞང་ཙ་པ་ཆུ་ཤུགས་གློག་ཁང་གིས་འཛམ་གླིང་གི་རྐྱང་པའི་གྲུ་གཟིངས་འཕུར་འཁོར་ཆེ་ཤོས་སྒྱུད་པས་ཏུན་སྟོང་རིམ་པའི་གྲུ་གཟིངས་ཆེ་གྲས་ཀྱི་ཆུ་རགས་བརྒལ་བར་སྐར་མ15ལས་འགོར་མི་དགོས་པས"དམག་གི་མྱུར་ཚད་ལྟར་མགྱོགས་པ"ཡིན།

ཞང་ཙ་པ་དང་ཞི་ལོ་ཏུའུ་ཆུ་ཤུགས་གློག་ཁང་ལེགས་གྲུབ་བྱུང་བས་འབྲི་ཆུའི་འགག་གསུམ་གྱི་སྙིང་ནད་ཆེ་ཤོས་ཏེ་བྱེ་འདམ་ཕུང་གསོག་ཐེབས་པའི་གནད་དོན་ཐག་གཅོད་བྱས། འབྲི་ཆུའི་ལྟོད་འབོལ་ས་གཤིས་ཆ་རྐྱེན་ཁྱད་གསོད་བྱེད་ཆེད་འཛམ་གླིང་སྟེང་གི་གཞི་ཁྲོན་ཆེས་ཆེ་བའི་ཁྲོན་པའི་བྱུ་ཚོགས་བསྐྲུན་ཞིང་། དེ་མིན་གྲོང་ཁྱེར་དང་ཉེ་བའི་རྐྱེན་གྱིས་ལག་རྩལ་གྱི་དཀའ་ཚད་ལྷག་ཏུ་ཆེ་བ་དང་། སྲུང་སྐྱོབ་མ་གནས་ལྷག་ཏུ་མཐོ་བའི་འཛམ་གླིང་སྟེང་གི་ཆེས་ཆེ་བའི་ཆུ་ལོག་སེལ་ཤུགས་རྫིང་བུ་གཉིས་བསྐྲུན། ཞང་ཙ་པ་ཆུ་རགས་ཀྱི་ཨར་འདམ་བྱེ་རྡོ་མགོ་སྒྲོད་ཀྱི་གནད་དོན་ཐག་གཅོད་བྱེད་ཆེད། འཛམ་གླིང་སྟེང་གི་ཨར་འདམ་བྱེ་རྡོའི་སྐྱེལ་འདྲེན་རིམ་སྐྱུད་ཆེས་རིང་ཤོས་བསྐྲུན་པ་དང་། ཐ་ན་བཀོལ་སྤྱོད་བྱེད་པའི་འདྲེན་འཁོར་ཚང་མའང་ཨེ་ཤ་ཡའི་བརྒལ་ཚད་ཆེས་ཆེ་བའི་རང་རྒྱལ་གྱིས་བཟོས་པའི་འདྲེན་འཁོར་ཆེ་གྲས་ཡིན། 2021ལོར། ཞང་ཙ་པ་ཆུ་ཤུགས་གློག་ཁང་འཛམ་གླིང་གི་ཆུ་ཤུགས་གློག་ཁང་ཆེ་གྲས་བཅུ་གཉིས་པའི་གྲས་སུ་བདམས་པ་དང་ཨང་རིམ་བཅུ་གཅིག་པར་ཟིན་ཡོད་དོ། །

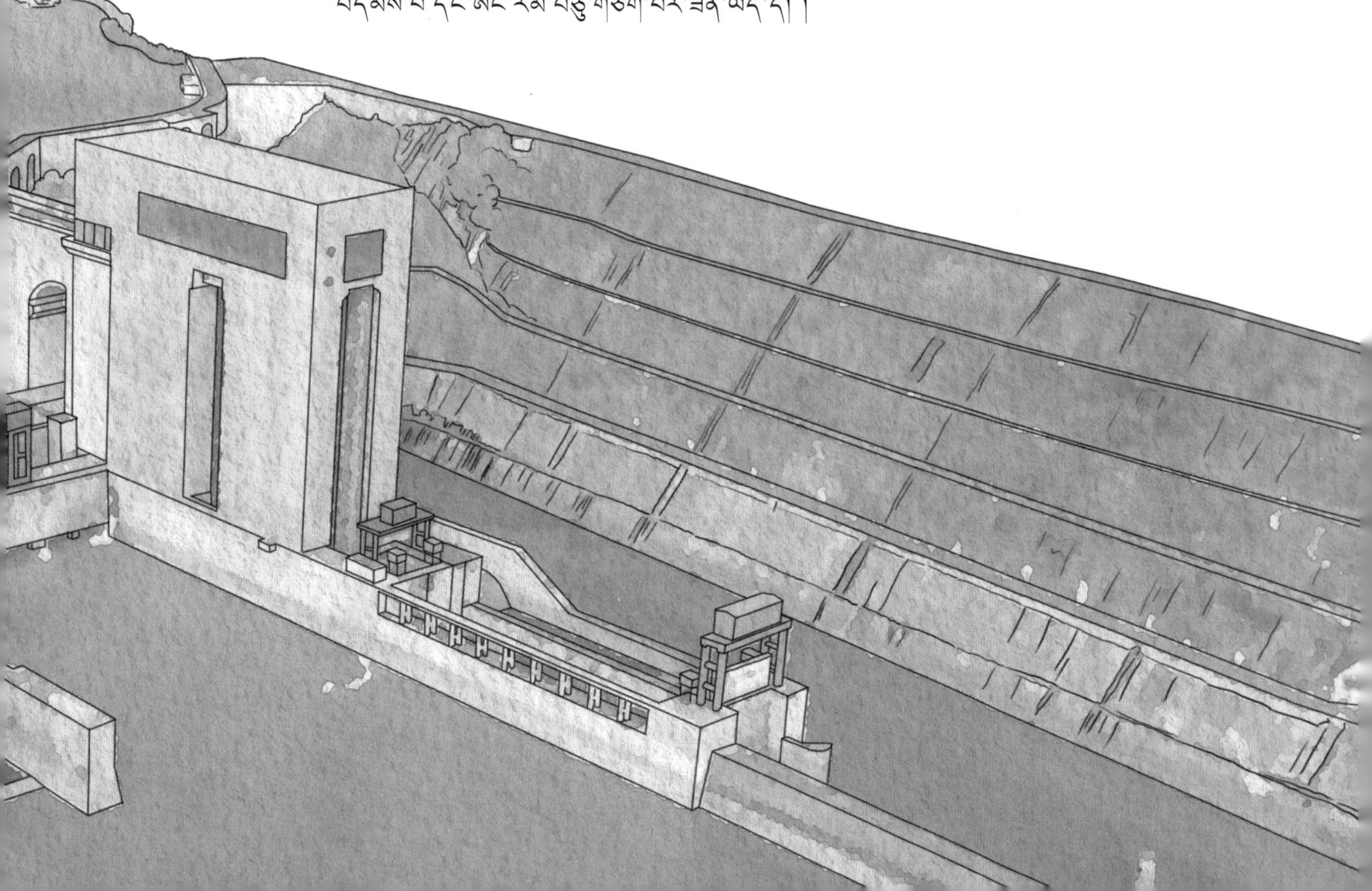

39 锦屏一级水电站
ཅིན་ཕིན་རིམ་པ་དང་པོའི་ཆུ་གློག་ས་ཚིགས།

从20世纪60年代开始，新中国第一代水电人就开始在雅砻江上书写锦屏的大故事。作为中国水电建设史上具有里程碑意义的大事件，锦屏一级水电站建设攻克了高边坡、高地应力、深部卸荷裂隙等世界级技术难题，以305米的混凝土双曲拱坝坝高问鼎世界最高拱坝，创立了世界坝工技术新的里程碑。

锦屏一级水电站是雅砻江干流下游河段控制性水库梯级电站。电站以发电为主，兼有防洪、拦沙等作用。工程于2005年开工，水库正常蓄水位1880米，正常蓄水位以下库容77.65亿立方米。枢纽建筑由挡水、泄洪消能、引水发电等建筑物组成。电站总装机容量360万千瓦，年均发电量166.2亿千瓦时，为国家“西电东送”战略的骨干电源点。锦屏一级水电站的运行使下游官地水电站的保证出力增加到129%，为四川电力系统提供了强大的备用容量，极大地改善了电网供电质量，有效解决了四川丰枯期电力电量“又多又少”的突出矛盾。同时，对长江上游生态屏障建设起到了积极的作用。

དུས་རབས20པའི་ལོ་རབས60ནས་བཟུང་། ཀྲུང་གོ་གསར་བའི་ཆུ་གློག་མི་སྣ་རབས་དང་པོ་ཡར་ཀླུང་གཙང་པོའི་སྟེང་དུ་ཅིན་ཕིན་གྱི་གཏམ་རྒྱུད་རིང་མོ་འབྲི་བའི་མགོ་ཚུགས་པ་ཡིན། དེ་ནི་ཀྲུང་གོའི་ཆུ་གློག་འཛུགས་སྐྲུན་ལོ་རྒྱུས་སྟེང་གི་མཚོན་རྟགས་རྗེ་རིང་གི་དོན་སྙིང་ལྡན་པའི་དོན་ཆེན་ཞིག་ཡིན་པའི་ཅིན་ཕིན་རིམ་པ་དང་པོའི་ཆུ་ཤུགས་གློག་ཁང་གི་འཛུགས་སྐྲུན་ཁྲོད་དུ་མཐོ་བའི་ཟུར་ངོས་དང་ས་མཐོ་སའི་ཐིག་ཤུགས། གཏིང་ཟབ་སར་ཞི་ཧ་གས་སྣུབས་སོགས་འཇམ་གླིང་རིམ་པའི་ལག་རྩལ་གྱི་དཀའ་གནད་བསལ་ཏེ། སྨི305ཡོད་པའི་བསྲེས་འདམ་གྱི་འཁྱོག་གཉིས་གཞུ་དབྱིབས་ཆུ་རགས་ཀྱིས་འཛམ་གླིང་སྟེང་གི་ཆེས་མཐོ་བའི་ཆུ་རགས་སུ་གྱུར། དེས་འཛམ་གླིང་གི་ཆུ་རགས་བཟོ་རྩལ་གྱི་མཚོན་རྟགས་རྗེ་རིང་གསར་པ་བསྐྲུན་ཡོད།

ཅིན་ཕིན་རིམ་པ་དང་པོའི་ཆུ་ཤུགས་གློག་ཁང་ནི་ཡར་ཀླུང་གཙང་པོའི་ཆུ་གཞུང་སྨད་རྒྱུད་ཀྱི་ཚོད་འཛིན་རང་བཞིན་གྱི་ཆུ་མཛོད་སྐས་རིམ་གློག་ཁང་ཞིག་ཡིན། གློག་ཁང་ལ་གློག་གཏོང་རྒྱུར་གཙོ་བོ་ཡིན་པ་དང་། ཆུ་ལོག་སྔོན་འགོག་དང་བྱེ་འགོག་སོགས་ཀྱི་ནུས་པ་ལྡན། བཟོ་སྐྲུན་འདི2005ལོར་ལས་མགོ་ཚུགས་པ་དང་ཆུ་མཛོད་ཀྱི་རྒྱུན་གཏན་ཆུ་གསོག་ཆུ་གནས་སྨི1880ཡིན། རྒྱུན་གཏན་ཆུ་གསོག་ཆུ་གནས་མན་གྱི་ཆུ་མཛོད་ཤོང་ཚད་སྨི་གྲུ་དཔངས་གྲུ་བཞི་དུང་ཕྱུར77.65ཡིན། འགག་རྩའི་འཛུགས་སྐྲུན་ནི་ཆུ་འགོག་པ་དང་ཆུ་ལོག་བཤང་བའི་ནུས་པ། ཆུ་འདྲེན་གློག་གཏོང་སོགས་ཀྱི་བཟོ་བཀོད་ལས་གྲུབ་པ་ཡིན། གློག་ཁང་གི་གློག་འདོན་འཕྲུལ་འཁོར་གྱི་གློག་འདོན་ཚད་ཆན་ཕ་ཁྲི360དང་ལོ་རེའི་ཆ་སྙོམས་གློག་གཏོང་ཚད་ཆན་ཕ་ཆུ་ཚོད་དུང་ཕྱུར166.2ཡིན་ཞིང་། རྒྱལ་ཁབ་ཀྱི“ནུབ་གློག་ཤར་འདྲེན”འཐབ་ཇུས་ཀྱི་རྒྱང་འཛིན་གློག་ཁུངས་ས་ཚིགས་ཤིག་ཡིན། ཅིན་ཕིན་རིམ་པ་དང་པོའི་ཆུ་ཤུགས་གློག་ཁང་འཁོར་སྐྱོད་བྱས་པས་གཙང་པོའི་སྨད་རྒྱུད་ཀྱི་ཀོན་ཏི་ཆུ་ཤུགས་གློག་ཁང་གི་འགན་ལེན་ནུས་པ129%འཕར་སྣོན་བྱུང་སྟེ། སི་ཁྲོན་གློག་ཤུགས་མ་ལག་ལ་སྒྲུད་གྲབས་ཤོང་ཚད་ཆེན་པོ་མཁོ་འདོན་བྱས་པ་དང་། གློག་དྲའི་གློག་འདོན་སྤུས་ཚད་ཧ་ལེགས་སུ་བཏང་ལ། སི་ཁྲོན་གྱི་ཆར་ཆུ་རྒྱས་པའི་དུས་ཀྱི་གློག་ཤུགས་གློག་ཚད“ཡང་མང་ཡང་ཉུང”མངོན་གསལ་དོད་པོའི་འགལ་བ་ཐག་གཅོད་ནུས་ལྡན་བྱས་པར་མ་ཟད། དུས་མཚུངས་སུ་འབྲི་ཆུའི་སྟོད་རྒྱུད་ཀྱི་སྐྱེ་ཁམས་སྲུང་ཡོལ་འཛུགས་སྐྲུན་ལ་དགེ་མཚན་ལྡན་པའི་ནུས་པ་ཐོན་ཡོད།

40 糯扎渡大坝

ནོ་ཀ་ཏུའུ་ཆུ་རྒྱགས་རྫིག་ཁང་།

2015年，在北京隆重举行的国家科学技术奖励大会上，糯扎渡水电站超高心墙堆石坝工程的“超高心墙堆石坝关键技术及应用”获2014年度国家科技进步二等奖。工程对人工碎石掺砾石土料筑坝技术、“数字大坝”系统研发与应用、消力塘护岸动边界底板的新型结构形式等多项具有中国自主知识产权的创新性成果的应用，使我国堆石坝筑坝技术水平迈上了一个新台阶，引领我国300米级超高心墙堆石坝筑坝技术。糯扎渡大坝荣获“第十五届中国土木工程詹天佑奖”“国际里程碑工程奖”等荣誉，得到国际工程界的高度认可。

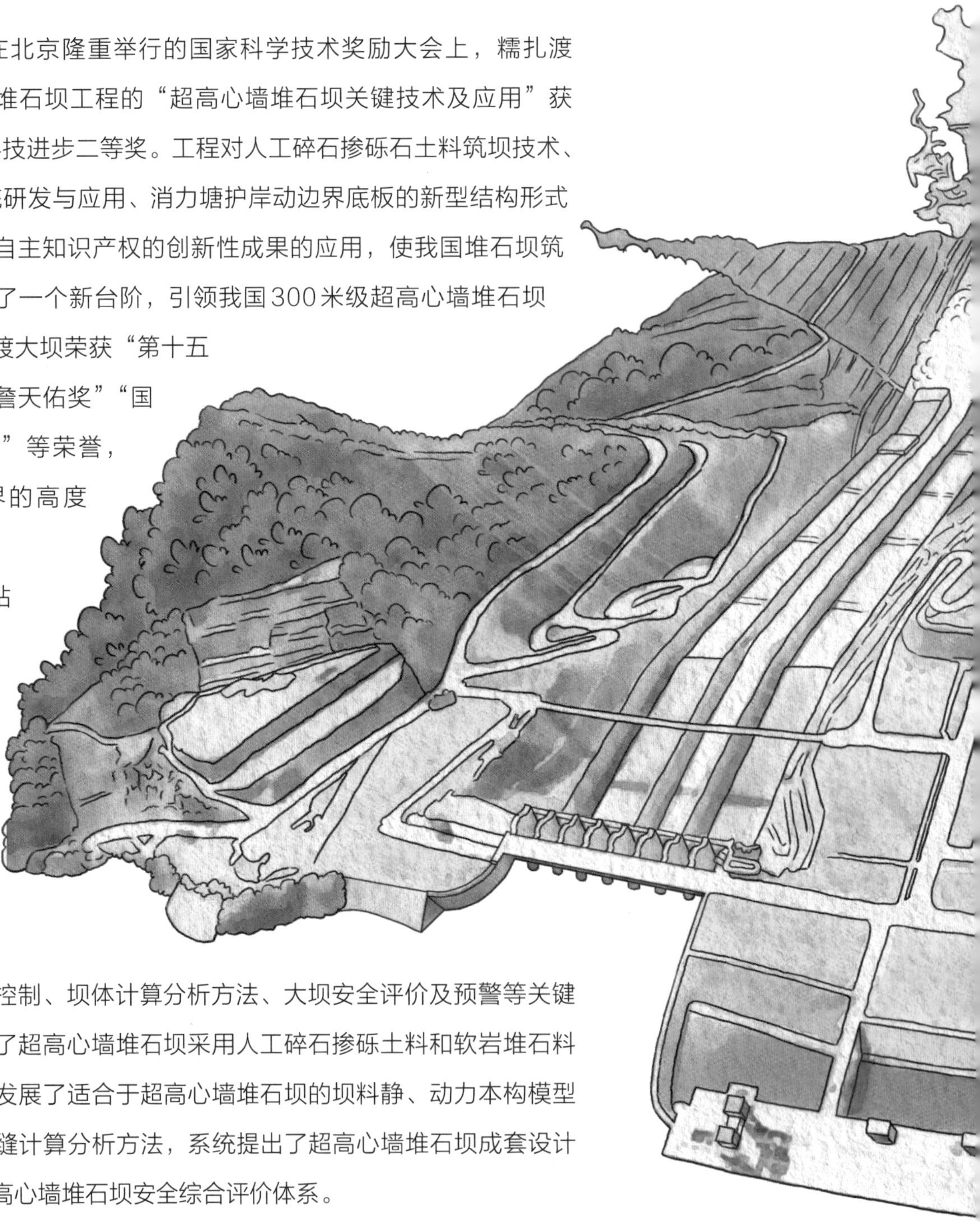

糯扎渡水电站坝高261.5米，为世界第三、中国第一高土石坝。围绕糯扎渡大坝坝体结构与材料分区、大坝变形及渗流控制、坝体计算分析方法、大坝安全评价及预警等关键技术问题，提出了超高心墙堆石坝采用人工碎石掺砾土料和软岩堆石料筑坝成套技术，发展了适合于超高心墙堆石坝的坝料静、动力本构模型和水力劈裂及裂缝计算分析方法，系统提出了超高心墙堆石坝成套设计准则，建立了超高心墙堆石坝安全综合评价体系。

2015ལོར་པེ་ཅིན་དུ་གཟབ་རྒྱས་ངང་འཚོགས་པའི་རྒྱལ་ཁབ་ཚན་རིག་ལག་རྩལ་བྱ་དགའི་ཚོགས་ཆེན་སྐབས་སུ། ནུའོ་ཀྲ་ཏུའུ་ཆུ་ཤུགས་སློག་ཁང་གི་ཆེས་མཐོའི་ཞིན་ཆིང་ཏུའི་རྫོ་རགས་བཟོ་སྐྲུན"ཆེས་མཐོའི་ཞིན་ཆིང་ཏུའི་རྫོ་རགས་འགག་རྩའི་ལག་རྩལ་དང་བེད་སྤྱོད"ཞེས་པ2014ལོའི་རྒྱལ་ཁབ་ཚན་རྩལ་གོང་འཕེལ་བྱ་དགའ་རིམ་པ་གཉིས་པ་ཐོབ། བཟོ་སྐྲུན་འདིའི་མིས་ཐབས་ལ་བརྟེན་ནས་རྫོ་ཟེགས་མ་བསྲེས་པའི་རྫོ་རྒྱུའི་ཆུ་རགས་བཟོ་རྩལ་དང་། "གྲངས་གཞིའི་རགས་ཆེན"མ་ལག་ཞིབ་སྤྱིལ་དང་བེད་སྤྱོད། ཤུགས་སེལ་རྫིང་བུའི་ངོགས་སྐྱུལ་མཐའ་མཚམས་མཐིལ་ལེབ་ཀྱི་སྐྲིག་གཞི་རྣམ་པ་གསར་པ་སོགས་གྲུང་པོའི་རང་བདག་ཤེས་བྱའི་བདག་དབང་ལྡན་པའི་གསར་གཏོད་རང་བཞིན་གྱི་གྲུབ་འབྲས་མང་པོ་བེད་སྤྱོད་བཏང་བས། རང་རྒྱལ་གྱི་རྫོ་རགས་བཟོ་རྩལ་གྱི་རྒྱ་ཚད་སྐས་རིམ་གསར་བ་ཞིག་ཏུ་སླེབས་པ་དང་། རང་རྒྱལ་གྱི་སྨི300རིམ་པའི་ཆེས་མཐོའི་ཞིན་ཆིང་ཏུའི་རྫོ་རགས་བརྩིགས་པའི་ལག་རྩལ་ལ་སྔེ་ཁྲིད་ཀྱི་ནུས་པ་ཐོན་ཡོད། དེ་ལ"སྐབས་བཅོ་ལྔ་པའི་གྲུང་གོའི་ས་ཤིང་བཟོ་སྐྲུན་ཀྲན་ཐེན་ཡིའུ་བྱ་དགའ"དང"རྒྱལ་སྤྱིའི་མཆོན་རྟགས་རྫོ་རིང་བཟོ་སྐྲུན་གྱི་བྱ་དགའ"སོགས་ཀྱི་གཟི་བརྗིད་མཚན་སྙན་ཐོབ་སྟེ། རྒྱལ་སྤྱིའི་བཟོ་སྐྲུན་ལས་རིགས་ཀྱི་ཚད་མཐོའི་ཁས་ལེན་འཐོབ་བཞིན་ཡོད།

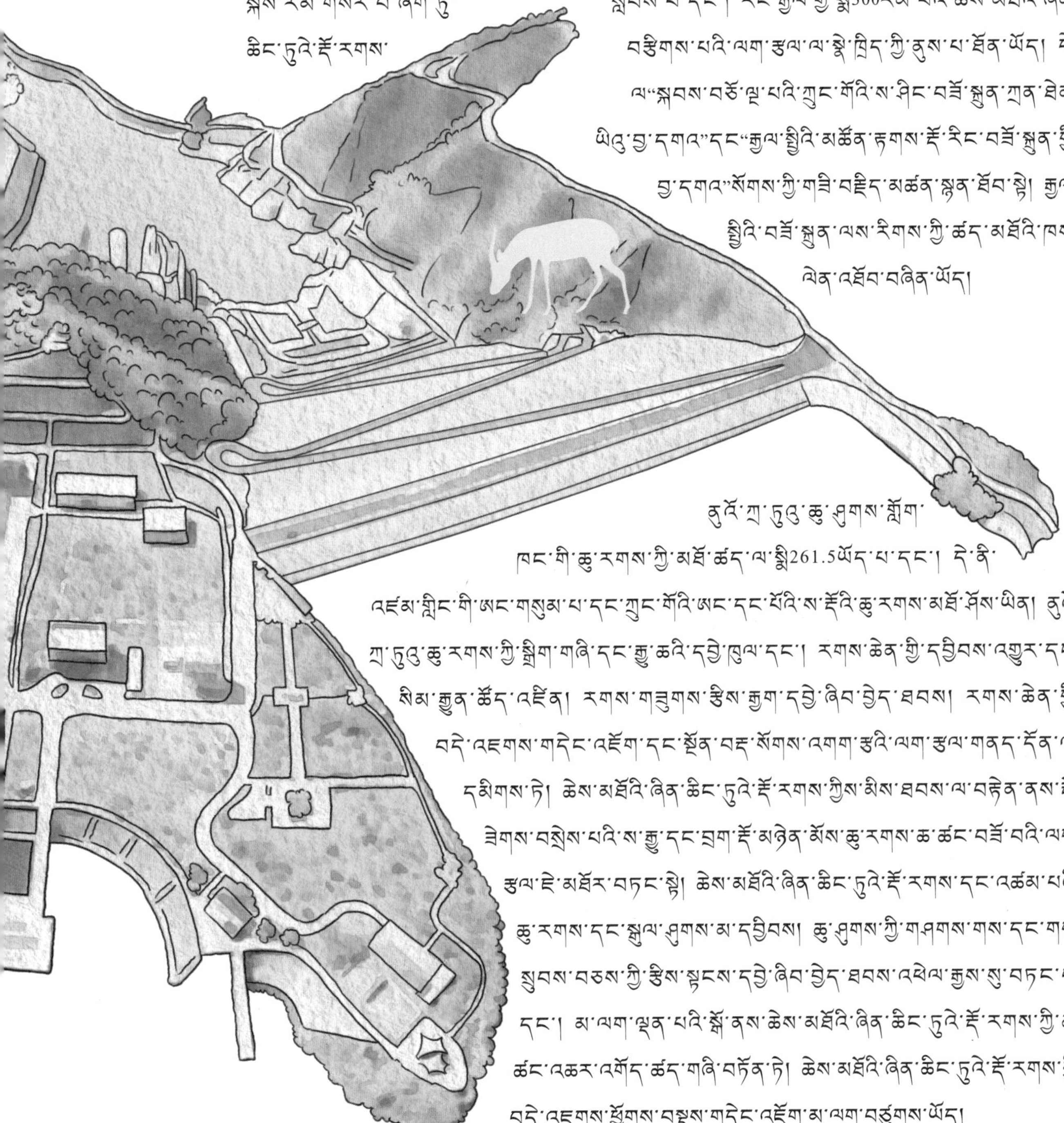

ནུའོ་ཀྲ་ཏུའུ་ཆུ་ཤུགས་སློག་ཁང་གི་ཆུ་རགས་ཀྱི་མཐོ་ཚད་ལ་སྨི261.5ཡོད་པ་དང་། དེ་ནི་འཛམ་གླིང་གི་ཨང་གསུམ་པ་དང་གྲུང་གོའི་ཨང་དང་པོའི་ས་རྫོའི་ཆུ་རགས་མཐོ་ཤོས་ཡིན། ནུའོ་ཀྲ་ཏུའུ་ཆུ་རགས་ཀྱི་སྐྲིག་གཞི་དང་རྒྱུ་ཆའི་དབྱེ་ཁུལ་དང་། རགས་ཆེན་གྱི་དབྱིབས་འགྱུར་དང་སེམ་རྒྱུན་ཚོད་འཛིན། རགས་གཟུགས་རྩིས་རྒྱག་དབྱེ་ཞིབ་བྱེད་ཐབས། རགས་ཆེན་གྱི་བདེ་འཇགས་གདེང་འཛོག་དང་སྟོན་བརྡ་སོགས་འགག་རྩའི་ལག་རྩལ་གནད་དོན་ལ་དམིགས་ཏེ། ཆེས་མཐོའི་ཞིན་ཆིང་ཏུའི་རྫོ་རགས་ཀྱིས་མིས་ཐབས་ལ་བརྟེན་ནས་རྫོ་ཟེགས་བསྲེས་པའི་ས་རྒྱུ་དང་བྲག་རྫོ་མཉེན་སོས་ཆུ་རགས་ཆ་ཚང་བཟོ་བའི་ལག་རྩལ་ཇེ་མཐོར་བཏང་སྟེ། ཆེས་མཐོའི་ཞིན་ཆིང་ཏུའི་རྫོ་རགས་དང་འཚམ་པའི་ཆུ་རགས་དང་སྐྱུལ་ཤུགས་མ་དབྱིབས། ཆུ་ཤུགས་ཀྱི་གཤགས་གས་དང་གས་སྲུབས་བཅས་ཀྱི་རྩིས་སྟངས་དབྱེ་ཞིབ་བྱེད་ཐབས་འཕེལ་རྒྱས་སུ་བཏང་བ་དང་། མ་ལག་ལྡན་པའི་སྒོ་ནས་ཆེས་མཐོའི་ཞིན་ཆིང་ཏུའི་རྫོ་རགས་ཀྱི་ཆ་ཚང་འཆར་འགོད་ཚད་གཞི་བརྟན་ཏེ། ཆེས་མཐོའི་ཞིན་ཆིང་ཏུའི་རྫོ་རགས་ཀྱི་བདེ་འཇགས་ཕྱོགས་བསྡུས་གདེང་འཛོག་མ་ལག་བཙུགས་ཡོད།

41 小湾大坝
ཞའོ་ཝན་རགས་ཆེན།

细数全球十大最高混凝土坝，小湾大坝当排第一，也是一个堪称工程学奇迹的大坝。小湾大坝位于云南南涧与凤庆交界的澜沧江中游河段，是国家重点工程和实施西部大开发、“西电东送”战略的标志性工程，属于澜沧江中下游河段水电开发梯级电站的“龙头水坝”。

小湾大坝是以发电为主，建有防洪、灌溉、拦沙及航运等功能的大型水电站。1999年开始筹建，2010年竣工，历时11年。电站总装机容量420万千瓦，总库容约149亿立方米，年发电量达到190亿千瓦。大坝最大坝高294.5米，为目前世界在建的最高拱坝，其基岩峰值水平加速度、坝顶弧长、总水推力等关键指标，在世界拱坝建设中均居第一。电站水坝坝顶高程1245米，坝身设5个溢流孔、6个泄洪中孔、2个放空底孔、3个导流中孔和2个导流底孔，总浇筑方量为865万方。大坝施工技术复杂，是目前我国水电施工难度系数最大、安全风险最高的水电站工程。自2005年首创混凝土浇筑以来，取得了连续18个月单月浇筑强度保持在20万方以上的优异成绩，创造了国内外同类工程连续浇筑强度的最高纪录。

འཛམ་གླིང་ཧྲིལ་པོའི་ཨར་འདམ་ཆུ་རགས་མཐོ་ཤོས་བཅུ་བརྩིས་ན་ཞའོ་ལྷན་རགས་ཆེན་ནི་ཨང་དང་པོ་ཡིན་ལ། བཟོ་སྐྲུན་རིག་པའི་ངོ་མཚར་ཅན་གྱི་རགས་ཆེན་ཞིག་ཀྱང་ཡིན། ཞའོ་ལྷན་རགས་ཆེན་ནི་ཡུན་ནན་ནན་ཅན་དང་ཧྲིང་ཆེང་སྤྲེལ་མཚམས་ཀྱི་ཛ་ཆུའི་དབུས་རྒྱུད་ཀྱི་ཆུ་བོའི་དུམ་མཚམས་སུ་གནས་པ་དང་། རྒྱལ་ཁབ་ཀྱི་གཙོ་གནད་བཟོ་སྐྲུན་དང་ནུབ་རྒྱུད་གསར་སྤེལ་ཆེན་མོ། "ནུབ་གློག་ཤར་འདྲེན"འཐབ་ཇུས་ལག་བསྟར་བྱེད་པའི་མཚོན་རྟགས་རང་བཞིན་གྱི་བཟོ་སྐྲུན་ཞིག་དང་། ཛ་ཆུའི་དབུས་སྨད་རྒྱུད་ཆུ་ལག་གི་ཆུ་གློག་གསར་སྤེལ་སྐས་རིམ་གློག་ཁང་གི"སྣེ་འདྲེན་ཆུ་རགས"ལ་གཏོགས།

ཞའོ་ལྷན་རགས་ཆེན་ནི་གློག་འདོན་པ་གཙོ་བོ་ཡིན་ཞིང་། ཆུ་ལོག་འགོག་པ་དང་ཞིང་ཆུ་འདྲེན་པ། བྱེ་འགོག་དང་ཆུ་ཐོག་སྐྱེལ་འདྲེན་སོགས་ཀྱི་བྱེད་ནུས་ལྡན་པའི་ཆུ་ཤུགས་གློག་ཁང་ཆེ་གྲས་ཤིག་ཡིན། 1999ལོ་ནས་བཟུང་གྲ་སྒྲིག་བྱེད་མགོ་ཚུགས་ཤིང་། 2010ལོར་ལེགས་གྲུབ་བྱུང་བ་དང་སྤྱི་གཞུག་ཏུ་བསྡོམས་པས་ལོ11འགོར་སོང་། གློག་ཁང་གི་གློག་འདོན་འཕྲུལ་འཁོར་གྱི་གློག་འདོན་ཚད་ཆན་ཝ་ཁྲི420ཡིན་པ་དང་། ཆུ་མཛོད་ཤོང་ཚད་བསྡོམས་འབོར་སྨི་ཀྲ་དཔངས་གྲུ་བཞི་མ་དུང་ཕྱུར149ཙམ་ཡིན། ལོ་རེར་གློག་གཏོང་ཚད་སྟོང་ཝ་དུང་ཕྱུར190ཡིན། རགས་ཆེན་གྱི་མཐོ་ཚད་ལ་སྨི294.5ཡོད་པ་འདི་མིག་སྔར་འཛམ་གླིང་སྟེང་གི་སྐྲུན་བཞིན་པའི་ཆེས་མཐོ་བའི་ཆུ་རགས་ཡིན། འདིའི་རྒྱང་གཞིའི་བྲག་རྫོའི་རྩེར་སོན་ཆུ་ཚད་དང་མགྱོགས་ཚད། རགས་རྩེའི་གཞུའི་རིང་ཚད། སྤྱིའི་ཆུ་འདྲེན་ཤུགས་སོགས་འགག་རྩའི་དམིགས་ཚད་ནི་འཛམ་གླིང་གི་གཞུ་དབྱིབས་ཆུ་རགས་འཛུགས་སྐྲུན་ཁྲོད་ཀྱི་ཨང་དང་པོར་སླེབས་ཡོད། གློག་ཁང་ཆུ་རགས་ཀྱི་རགས་རྩེའི་མཐོ་ཚད་ལ་སྨི1245ཡོད་ཅིང་། ཆུ་རགས་སྟེང་དུ་འཕྱུར་རྒྱུག་ཁུང་བུ5དང་ཆུ་ལོག་གཤོང་བའི་དཀྱིལ་ཁུང6 དབུགས་ཕུད་མཐིལ་ཁུང2 འདྲེན་རྒྱུག་དཀྱིལ་ཁུང3 འདྲེན་རྒྱུག་མཐིལ་ཁུང2བཅས་ཡོད་པ་དང་། སྤྱིའི་ལྕུག་བཟོ་རྫང་ལིའང་ཁྲི865ཡིན། རགས་ཆེན་གྱི་བཟོ་སྐྲུན་ལག་རྩལ་རྟོག་འཛིང་ཆེ་ཚད་ནི་མིག་སྔར་རང་རྒྱལ་གྱི་ཆུ་གློག་བཟོ་སྐྲུན་ཁྲོད་ཀྱི་དཀའ་ཁག་ཆེས་ཆེ་བ་དང་བདེ་འཇགས་ཉེན་ཁ་ཆེས་ཆེ་བའི་ཆུ་ཤུགས་གློག་ཁང་གི་བཟོ་སྐྲུན་ཞིག་ཡིན། 2005ལོར་ལྕུག་བཟོ་ཨར་འདམ་ཐོག་མར་བསྐྲུན་པ་ནས་བཟུང་། བསྡུད་མར་ཟླ་བ18རིང་ལ་ཟླ་རྒྱུན་བའི་ལྕུག་བཟོ་ཤུགས་རྫང་ཁྲི20ཡན་རྒྱུན་འགྲོངས་ཐུབ་པའི་ཕུལ་བྱུང་གྲུབ་འབྲས་ཐོབ་པ་དང་། རྒྱལ་ཁབ་ཕྱི་ནང་གི་རིགས་གཅིག་པའི་བཟོ་སྐྲུན་བསྡུད་མར་ལྕུག་བཟོ་ཤུགས་ཀྱི་ཟིན་ཐོ་མཐོ་ཤོས་བསྐྲུན་ཡོད་དོ། །

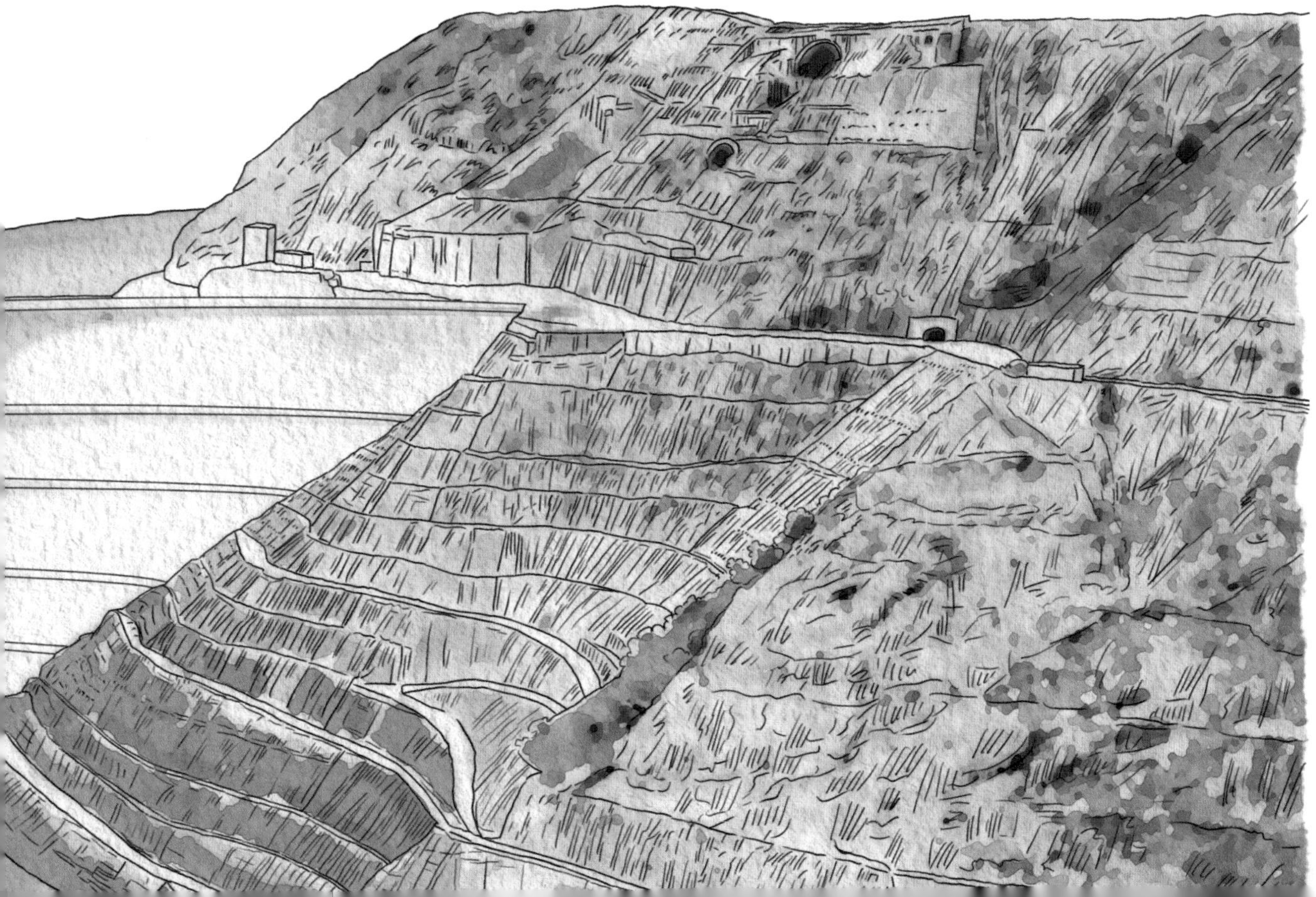

42 酒泉风力发电基地

ཅིའུ་ཆོན་རླུང་ཤུགས་གློག་འདོན་རྟེན་གཞི།

穿行在嘉峪关“长风几万里，吹度玉门关”的路上，一排排银白色的风力发电机蔚为壮观，格外醒目，这里便是世界最大风力发电基地——甘肃酒泉风力发电基地。它是国家继西气东输、西油东输、西电东送和青藏铁路之后，西部大开发的又一标志性工程。

地处河西走廊西端的酒泉市，南临祁连山，北望马鬃山，浩瀚的戈壁与两山之间形成峡谷，受地形和季风的影响，成为我国风能资源丰富的地区之一。酒泉境内的瓜州被称为“世界风库”，玉门被称为“世界风口”，据气象部门最新风能评估结果表明，酒泉风能资源总储量达 1.5 亿千瓦。1997 年，玉门三十里井子风电场正式并网发电，成为甘肃投产最早的大型示范风电场。2007 年，国家提出了“建设河西风电走廊，再造西部陆上三峡”的战略目标，使酒泉迈开了开发千万千瓦级风电场、问鼎世界风电之最的步伐。经过二十多年的探索与建设，截至 2020 年底，酒泉建成并网风电装机达到 1045 万千瓦，真正实现了千万千瓦级风电装机目标。

ཅ་ཡུས་འགག་སྒོའི“རླུང་འཚུབ་ལེ་དབར་ཁྲི་ཁ་ཤས། ཡུས་མོན་འགག་སྒོའི་ཕྱོགས་སུ་སྐྱོད”པའི་ལམ་བར་དུ། དངུལ་དཀར་པོའི་རླུང་ཤུགས་གློག་འདོན་འཕྲུལ་འཁོར་གྲལ་སྟར་རེ་རེ་བཀོད་ཉམས་ལྡན་པ་དང་མངོན་གསལ་དོད་པོར་ཡོད་པ་འདི་ནི། འཛམ་གླིང་སྟེང་གི་ཆེས་ཆེ་བའི་རླུང་ཤུགས་གློག་གཏོང་རྟེན་གཞི་སྟེ་ཀན་སུའུ་ཅིའུ་ཆོན་རླུང་ཤུགས་གློག་གཏོང་རྟེན་གཞི་ཡིན། དེ་ནི་རྒྱལ་ཁབ་ཀྱིས་ནུབ་རླངས་ཤར་འདྲེན་དང་ནུབ་སྣུམ་ཤར་འདྲེན། ནུབ་གློག་ཤར་སྐྱེལ། མཚོ་བོད་ལྟགས་ལམ་བཅས་ཀྱི་རྗེས་སུ་ནུབ་རྒྱུད་གསར་སྤེལ་ཆེན་པོའི་མཚོན་རྟགས་རང་བཞིན་གྱི་བཟོ་སྐྲུན་ཞིག་ཡིན།

རྨ་ནུབ་བར་ཁྲམས་ཀྱི་ནུབ་ཕྱོགས་སུ་གནས་པའི་ཅིའུ་ཆོན་གྲོང་ཁྱེར་ནི་ལྷོ་ཕྱོགས་སུ་མདོ་ལ་རི་བོར་སྦྲེལ་བ་དང་བྱང་དུ་ཧ་ཟེ་རི་བོར་ཁ་གཏད་ཅིང་། མཐའ་ཡས་པའི་སྒོ་ངམ་ཐང་དང་རི་བོ་གཉིས་ཀྱི་བར་གྱི་གྲོག་རོང་དུ་ཆགས་ཡོད་པ་དང་། ས་དབྱིབས་དང་དུས་རླུང་གི་ཤུགས་རྐྱེན་ཐེབས་པའི་དབང་གིས་རང་རྒྱལ་གྱི་རླུང་ནུས་ཐོན་ཁུངས་ཕུན་སུམ་ཚོགས་པའི་ས་ཁུལ་གྱི་གྲས་ཤིག་ཏུ་གྱུར་ཡོད། ཅིའུ་ཆོན་ས་ཁོངས་ཀྱི་ཀྭ་ཀྲོའུ་ལ“འཛམ་གླིང་རླུང་མཛོད”ཅེས་འབོད་པ་དང་། ཡུས་མོན་ལ“འཛམ་གླིང་རླུང་ཁ”ཞེས་པའི་འབོད་སྲོལ་ཡོད། གནམ་གཤིས་ལས་ཁུངས་ཀྱིས་རླུང་ནུས་དཔྱད་དཔོག་བྱས་འབྲས་གསར་ཤོས་ལས་མངོན་པ་ལྟར་ན། ཅིའུ་ཆོན་གྱི་རླུང་ནུས་ཐོན་ཁུངས་ཀྱི་སྤྱིའི་གསོག་ཚད་ཆན་ཡ་དུང་ཕྱུར1.5ཡིན། 1997ལོར་ཡུས་མོན་སན་ཧྲི་ལེའི་ཅིན་ཅི་རླུང་ཤུགས་གློག་ཁང་དངོས་སུ་དྲ་སྦྲེལ་བྱས་ནས་གློག་གཏོང་མགོ་ཚུགས་པས། ཀན་སུའུ་ནས་ཐོན་སྐྱེད་དུས་ཡུན་ཆེས་སྔ་ཤོས་ཀྱི་དཔེ་སྟོན་རླུང་ཤུགས་གློག་ཁང་ཆེ་གྲས་སུ་གྱུར། 2007ལོར། རྒྱལ་ཁབ་ཀྱིས“རྨ་ནུབ་རླུང་གློག་བར་ཁྲམས་འཛུགས་སྐྲུན་བྱས་ཏེ། ནུབ་རྒྱུད་སྐམ་སའི་འགག་གསུམ་བསྐྱར་དུ་བསྐྲུན་རྒྱུ”འཐབ་ཇུས་དམིགས་འབེན་བཏོན་པས། ཅིའུ་ཆོན་གྱིས་ཆན་ཡ་ཁྲི་སྟོང་རིམ་པའི་རླུང་གློག་ར་བ་གསར་སྤེལ་དང་། འཛམ་གླིང་རླུང་གློག་ཆེས་མཐོ་བའི་ཟིན་ཐོའི་ཕྱོགས་སུ་གོམ་སྟབས་སྤོ་ཐུབ་པ་བྱུང་། ལོ་ངོ་ཉི་ཤུ་ལྷག་ཙམ་གྱི་འཚོལ་ཞིབ་དང་འཛུགས་སྐྲུན་བརྒྱུད་དེ། 2020ལོའི་ལོ་མཇུག་ཏུ། ཅིའུ་ཆོན་གྱི་གློག་འདོན་ཚད་ཆན་ཡ་ཁྲི1045ཡིན་པའི་རླུང་གློག་འཕྲུལ་འཁོར་ལེགས་གྲུབ་དང་དྲ་སྦྲེལ་བྱུང་བས། ཆན་ཡ་ཁྲི་སྟོང་རིམ་པའི་རླུང་གློག་འཕྲུལ་འཁོར་གྱི་གློག་འདོན་ཚད་ཀྱི་དམིགས་ཚད་དངོས་སུ་མངོན་འགྱུར་བྱུང་ངོ་། །

43 三峡水库开始运行
འབྲི་ཆུའི་འགག་གསུམ་ཆུ་མཛོད་འཁོར་སྐྱོད་བྱེད་མགོ་བརྩམས་པ།

三峡水库，是三峡水电站建成后蓄水形成的人工湖泊，总库容393亿立方米，总面积1084平方千米，范围涉及湖北省和重庆市的21个县市，串流2个城市、11个县城、1711个村庄。2003年6月10日，三峡工程坝前水位正式达到135米，提前实现蓄水目标，使“高峡出平湖”的百年梦想变成现实。6天后，三峡工程双线五级船闸也正式通航。该船闸上下游总落差为113米，分五级过船，由五个各长280米、宽34米的闸室组成。每一级的落差为22至23米；南北两线船闸可同时或单独运行，是长江航道中重要的通航建筑物。该船闸是当今世界上规模最大的内河船闸，其工程规模之巨大、整体技术之复杂均属罕见。

2021年9月，三峡水库175米蓄水工作正式启动，待蓄水量68亿立方米，这是三峡工程自2020年11月1日完成整体竣工验收，转入正常运行期后的首次蓄水，标志着三峡工程十余年试验性蓄水调度成果得到认可和固化，为长江流域的航运、供水、生态、发电等需求提供有力保障。

འབྲི་ཆུའི་འགག་གསུམ་ཆུ་མཛོད་ནི་འབྲི་ཆུའི་འགག་གསུམ་ཆུ་ཤུགས་གློག་ཁང་བསྐྲུན་རྗེས་ཆུ་བསོགས་ནས་གྲུབ་པའི་མིས་བཟོས་མཚོའུ་ཞིག་ཡིན། ཆུ་མཛོད་ཀྱི་སྤྱིའི་ཤོང་ཚད་སྨི་ཀྱ་དཔངས་གྲུ་བཞི་མ་དུང་ཕྱུར393ཡིན་པ་དང་། སྤྱིའི་རྒྱ་ཁྱོན་སྟོང་སྨི་ངོས་གྲུ1084ཡིན། དེའི་ཁྱབ་ཁོངས་སུ་རུའུ་པེ་ཞིང་ཆེན་དང་ཁྲུང་ཆིང་གྲོང་ཁྱེར་གྱི་རྫོང་དང་གྲོང་ཁྱེར21ཡོད་ལ། སྔར་རྒྱུད་གྲོང་ཁྱེར2དང་རྫོང་མཁར11 སྡེ་བ1711བཅས་ཡོད། 2003ལོའི་ཟླ6པའི་ཚེས10ཉིན། འབྲི་ཆུའི་འགག་གསུམ་བཟོ་སྐྲུན་ཆུ་རགས་མདུན་གྱི་ཆུ་གནས་དངོས་སུ་སྨི135ལ་སླེབས་ཏེ། ཆུ་གསོག་དམིགས་འབེན་ཐོ་སྣུར་སྔོན་ལེགས་གྲུབ་བྱུང་ནས། "མཐོ་འགག་ནས་ངོས་སློམས་མཚོའུ་འབྱུང་བ"ཡི་ལོ་བརྒྱའི་ཕྱུགས་འདུན་མངོན་འགྱུར་བྱུང་། ཉིན6འགོར་རྗེས། འགག་གསུམ་བཟོ་སྐྲུན་གྱི་ཉིས་གཤིབ་རིམ་པ་ལྔའི་གྲུ་སློའང་དངོས་སུ་ཤར་གཏོང་བྱས། གྲུ་སྒོ་དེའི་སྟོད་སྨད་ཀྱི་སྤྱིའི་འབབ་ཁྱད་ནི་སྨི113ཡིན་པ་དང་། རིམ་པ་ལྔ་ལ་དབྱེ་ནས་གྲུ་གཟིངས་བགྲལ་ཞིང་རིང་ཚད་ལ་སྨི280དང་ཞེང་ཚད་ལ་སྨི34ཡོད་པའི་གློག་སྒོ་ཁང་གིས་གྲུབ་པ་ཡིན། རིམ་པ་རེའི་འབབ་ཁྱད་ནི་སྨི22ནས23བར་ཡིན། ལྷོ་བྱང་གཉིས་ཀྱི་གྲུ་སྒོ་དུས་མཚུངས་སུ་ཡང་ན་གཅིག་ཕྱུར་འཁོར་སྐྱོད་བྱས་ཆོག་པ་དང་འབྲི་ཆུའི་གྲུ་ལམ་ཁྲིད་ཀྱི་གྲུ་གཟིངས་ཤར་གཏོང་ཐུབ་པའི་བཟོ་བཀོད་གལ་ཆེན་ཞིག་ཡིན། གྲུ་སྒོ་འདི་ནི་དེང་སྐབས་འཛམ་གླིང་སྟེང་གི་གཞི་ཁྱོན་ཆེས་ཆེ་བའི་ནང་ཁུལ་ཆུ་ཐོའི་གྲུ་སྒོ་ཡིན་པ་དང་། དེའི་བཟོ་སྐྲུན་གཞི་ཁྱོན་ཆེ་ཚད་དང་སྤྱི་ཡོངས་ཀྱི་ལག་རྩལ་རྙོག་འཛིང་ཆེ་ཚད་ཚང་མ་སྲིད་ནས་མཐོང་དཀོན་པ་ཞིག་ཡིན།

2021ལོའི་ཟླ9པར། འགག་གསུམ་ཆུ་མཛོད་ཀྱི་སྨི175ཡི་ཆུ་གསོག་ལས་དོན་དངོས་སུ་སྒྲིལ་མགོ་རྫོགས་པ་དང་ཆུ་གསོག་ཚད་སྨི་ཀྱ་དཔངས་གྲུ་བཞི་མ་དུང་ཕྱུར68ཡིན་པས། དེ་ནི་འབྲི་ཆུའི་འགག་གསུམ་བཟོ་སྐྲུན2020ལོའི་ཟླ11ཚེས1ཉིན་ལས་མཇུག་སྒྲིལ་ནས་ཞིབ་བཤེར་རྗེས་ལེན་བྱས་ཏེ། རྒྱུན་ལྡན་གྱི་སྐྱོལ་འདྲེན་དུས་ཚད་དུ་བསྒྱུར་རྗེས་ཐེངས་དང་པོར་ཆུ་གསོག་པ་ཡིན་པས། འབྲི་ཆུའི་འགག་གསུམ་བཟོ་སྐྲུན་ལོ་ངོ་བཅུ་ལྷག་ཙམ་གྱི་ཚོད་ལྟའི་རང་བཞིན་གྱི་ཆུ་གསོག་བཀོད་གཏོང་གྲུབ་འབྲས་ལ་ཁས་ལེན་དང་སྣ་བརྟན་དུ་བཏང་བ་མངོན་པར་མཚོན་ཞིང་། འབྲི་ཆུ་འབབ་རྒྱུད་ཀྱི་མཚོ་ཐོག་སྐྱོལ་འདྲེན། ཆུའི་མགོ་འདོན། སྐྱེ་ཁམས་དང་གློག་འདོན་སོགས་ཀྱི་དགོས་མཁོར་འགན་སྲུང་ནུས་ལྡན་བྱས་ཡོད་དོ། །

44 二滩水电站

ཨེར་ཐན་ཆུ་ཤུགས་གློག་ཁང་།

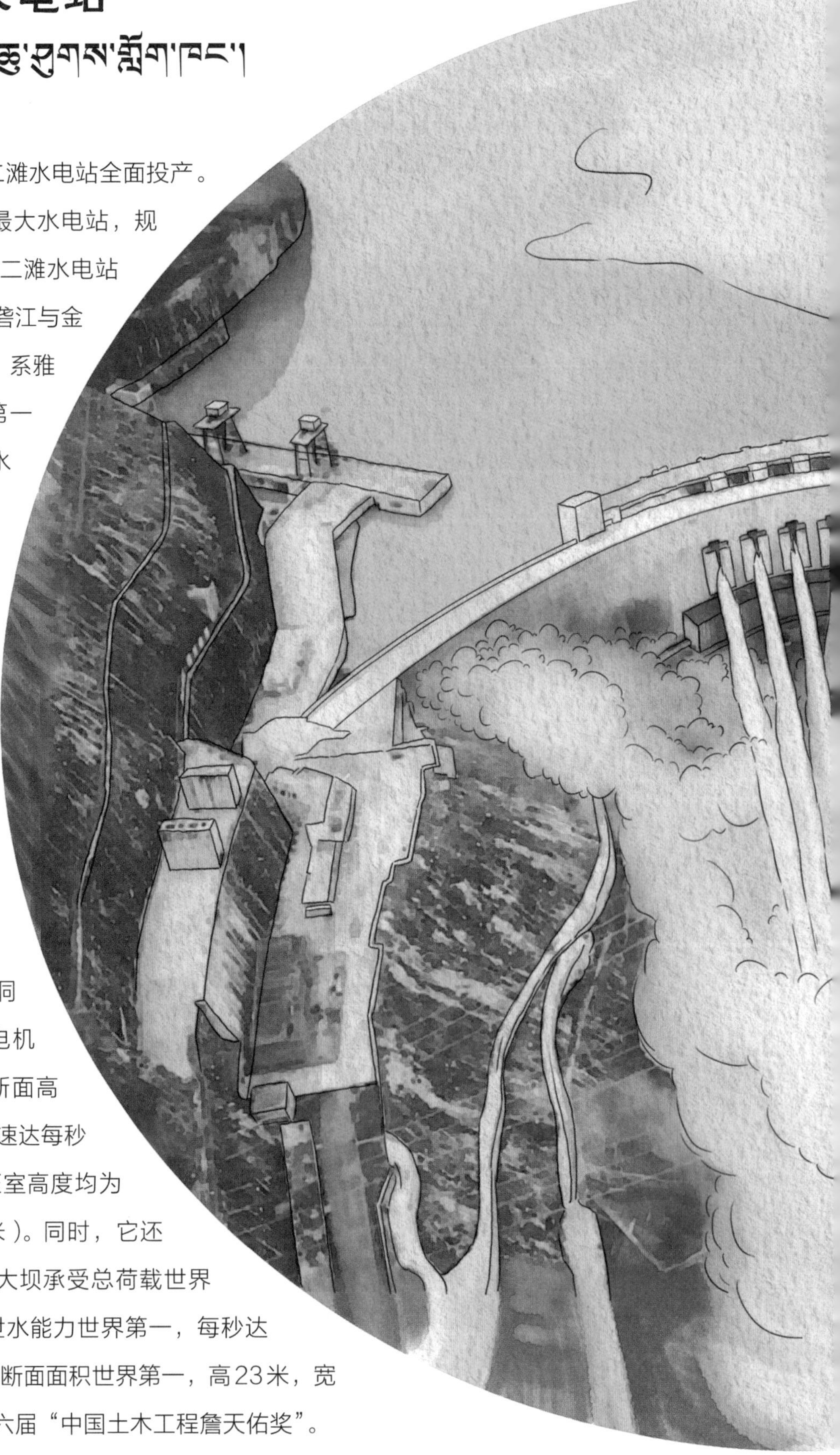

1999年12月26日，二滩水电站全面投产。它是我国在20世纪建成的最大水电站，规模仅次于后来的三峡工程。二滩水电站位于四川攀枝花，坝址距雅砻江与金沙江交汇口上游33公里处，系雅砻江水电基地梯级开发的第一个水电站，以发电为主。水电站最大坝高240米，水库正常蓄水位海拔1200米，总库容58亿立方米，调节库容34亿立方米，装机总容量330万千瓦，年均发电量170亿千瓦时。

二滩水电站创造了当时多个“中国第一”：中国最高的水坝；中国最大（也是亚洲最大）的地下厂房洞室群；中国最大的水轮发电机组；中国最大的泄洪洞（断面高约14米，宽13米，最大流速达每秒45米）；进水口高度和调压室高度均为最高（分别为80米和70米）。同时，它还创造了多个“世界第一”：大坝承受总荷载世界第一，达980万吨；电站泄水能力世界第一，每秒达22480立方米；两岸导流洞断面面积世界第一，高23米，宽17.5米。2007年，荣获第六届“中国土木工程詹天佑奖”。

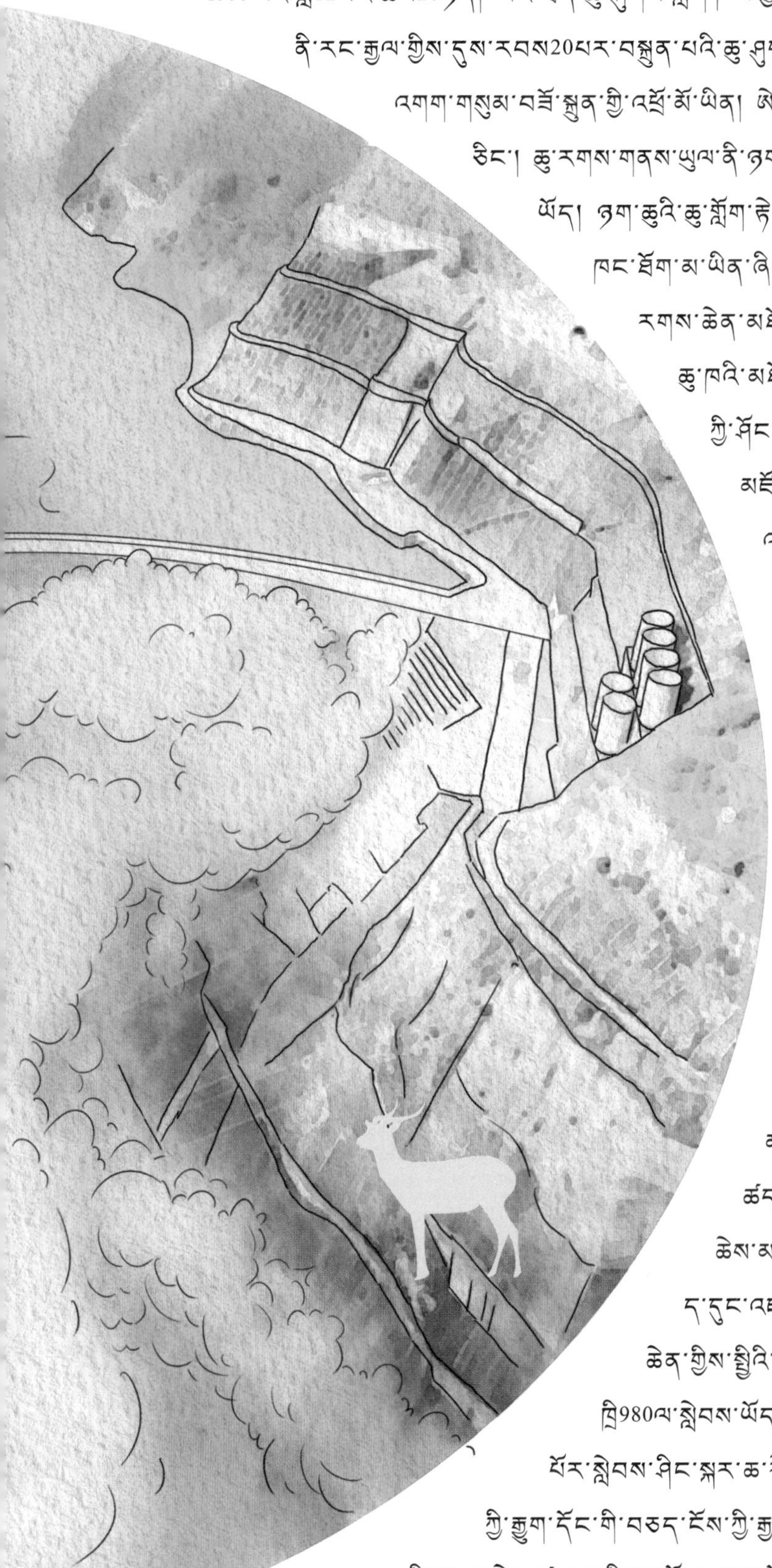

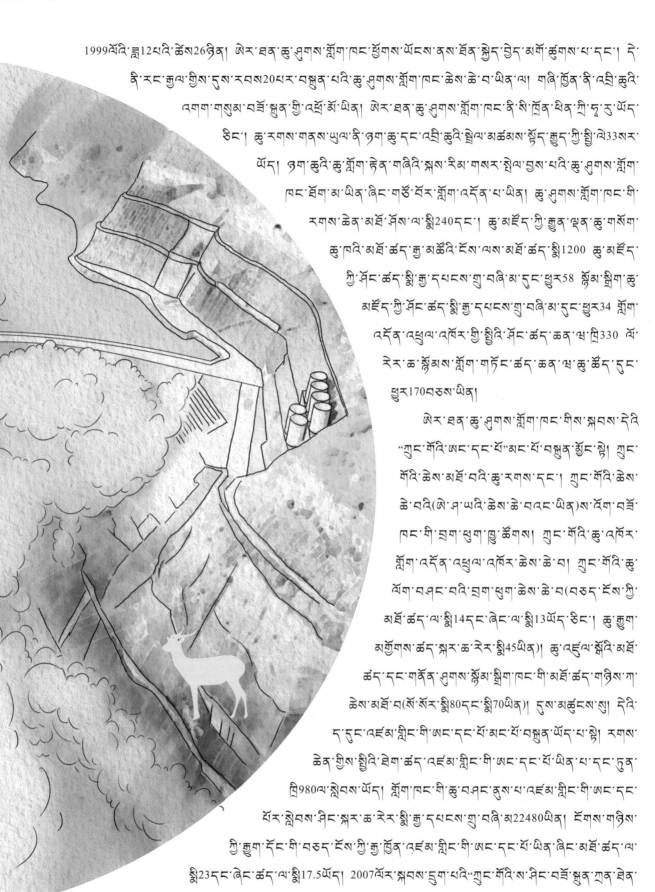

1999ལོའི་ཟླ12པའི་ཚེས26ཉིན། ཨེར་ཐན་ཆུ་ཤུགས་གློག་ཁང་ཕྱོགས་ཡོངས་ནས་ཐོན་སྐྱེད་བྱེད་མགོ་ཚུགས་པ་དང་། དེ་ནི་རང་རྒྱལ་གྱིས་དུས་རབས20པར་བསྐྲུན་པའི་ཆུ་ཤུགས་གློག་ཁང་ཆེས་ཆེ་བ་ཡིན་ལ། གཞི་ཁྱོན་ནི་འབྲི་ཆུའི་འགག་གསུམ་བཟོ་སྐྲུན་གྱི་འཕྲོ་མོ་ཡིན། ཨེར་ཐན་ཆུ་ཤུགས་གློག་ཁང་ནི་སི་ཁྲོན་ཞིན་གྱི་དྷ་ཧྲ་ཡོད་ཅིང་། ཆུ་རགས་གནས་ཡུལ་ནི་ཉག་ཆུ་དང་འབྲི་ཆུའི་སྡེབ་མཚམས་སྟོད་རྒྱུད་ཀྱི་སྤྱི་ལེ33སར་ཡོད། ཉག་ཆུའི་ཆུ་གློག་རྟེན་གཞིའི་སྐས་རིམ་གསར་སྤེལ་བྱས་པའི་ཆུ་ཤུགས་གློག་ཁང་ཐོག་མ་ཡིན་ཞིང་གཙོ་བོར་གློག་འདོན་པ་ཡིན། ཆུ་ཤུགས་གློག་ཁང་གི་རགས་ཆེན་མཐོ་ཤོས་ལ་སྨི240དང་། ཆུ་མཛོད་ཀྱི་རྒྱུན་ལྡན་ཆུ་གསོག་ཆུ་ཁའི་མཐོ་ཚད་རྒྱ་མཚོའི་ངོས་ལས་མཐོ་ཚད་སྨི1200 ཆུ་མཛོད་ཀྱི་ཤོང་ཚད་སྨི་གྲུ་དཔངས་གྲུ་བཞི་མ་དུང་ཕྱུར58 སྙོམ་སྒྲིག་ཆུ་མཛོད་ཀྱི་ཤོང་ཚད་སྨི་གྲུ་དཔངས་གྲུ་བཞི་མ་དུང་ཕྱུར34 གློག་འདོན་འཕྲུལ་འཁོར་གྱི་སྤྱིའི་ཤོང་ཚད་ཅན་ཕ་ཁྲི330 ལོ་རེར་ཆ་སྙོམས་གློག་གཏོང་ཚད་ཅན་ཕ་ཆུ་ཚོད་དུང་ཕྱུར170བཅས་ཡིན།

ཨེར་ཐན་ཆུ་ཤུགས་གློག་ཁང་གིས་སྐབས་དེའི“ཀྲུང་གོའི་ཨང་དང་པོ”མང་པོ་བསྐྲུན་སྐྱོང་སྟེ། ཀྲུང་གོའི་ཆེས་མཐོ་བའི་ཆུ་རགས་དང་། ཀྲུང་གོའི་ཆེས་ཆེ་བའི(ཨེ་ཤ་ཡའི་ཆེས་ཆེ་བའང་ཡིན)ས་འོག་བཟོ་ཁང་གི་བྲག་ཕུག་ཁྲུ་ཚོགས། ཀྲུང་གོའི་ཆུ་འཁོར་གློག་འདོན་འཕྲུལ་འཁོར་ཆེས་ཆེ་བ། ཀྲུང་གོའི་ཆུ་ལོག་བཤང་བའི་བྲག་ཕུག་ཆེས་ཆེ་བ(བཅད་ངོས་ཀྱི་མཐོ་ཚད་ལ་སྨི14དང་ཞེང་ལ་སྨི13ཡོད་ཅིང་། ཆུ་རྒྱུག་མགྱོགས་ཚད་སྐར་ཆ་རེར་སྨི45ཡིན)། ཆུ་འཇུལ་སྒོའི་མཐོ་ཚད་དང་གནོན་ཤུགས་སྙོམ་སྒྲིག་ཁང་གི་མཐོ་ཚད་གཉིས་ཀ་ཆེས་མཐོ་བ(སོ་སོར་སྨི80དང་སྨི70ཡིན)། དུས་མཚུངས་སུ། དེའི་ད་དུང་འཛམ་གླིང་གི་ཨང་དང་པོ་མང་པོ་བསྐྲུན་ཡོད་པ་སྟེ། རགས་ཆེན་གྱིས་སྤྱིའི་ཐེག་ཚད་འཛམ་གླིང་གི་ཨང་དང་པོ་ཡིན་པ་དང་ཧུན་ཁྲི980ལ་སླེབས་ཡོད། གློག་ཁང་གི་ཆུ་བཤང་ནུས་པ་འཛམ་གླིང་གི་ཨང་དང་པོར་སླེབས་ཤིང་སྐར་ཆ་རེར་སྨི་གྲུ་དཔངས་གྲུ་བཞི་མ22480ཡིན། ངོགས་གཉིས་ཀྱི་རྒྱུག་དོང་གི་བཅད་ངོས་ཀྱི་རྒྱ་ཁྱོན་འཛམ་གླིང་གི་ཨང་དང་པོ་ཡིན་ཞིང་མཐོ་ཚད་ལ་སྨི23དང་ཞེང་ཚད་ལ་སྨི17.5ཡོད། 2007ལོར་སྐབས་དྲུག་པའི“ཀྲུང་གོའི་ས་ཤིང་བཟོ་སྐྲུན་ཀྲན་ཐེན་ཡིའུ་བྱ་དགའ”ཐོབ་པོ། །

45 海上油气生产基地

མཚོ་ཐོག་སྣུམ་རླངས་ཐོན་སྐྱེད་རྟེན་གཞི།

2020年6月，在距离巴西里约热内卢不远的外海，我国承包的 P67、P70 两座世界级“海上油气工厂”项目，克服了集成化程度高、工程工作量大、项目周期紧张等困难，先后完成190多项技术革新和工艺创新，实现了交付和投产。海上浮式生产储卸油装置(FPSO)上喷射出的熊熊火焰，标志着我国在超大型 FPSO 领域的自主建造和集成能力达到了国际先进水平，这对于中国海洋石油工程事业来说，是一个历史性时刻。

FPSO是当今海上油气田开发的主流生产装置，能够对海上原油天然气进行初步加工、储存和外输，是集人员居住与生产指挥系统于一体的综合性大型海上油气生产基地，被称为“海上油气处理厂”。我国在巴西的FPSO项目，不仅为中巴两国拓展能源领域战略合作搭建了友谊的桥梁，在南美市场成功打造了“中国制造”的响亮品牌，也为我国发力高端海洋工程建设、开拓国际海工市场搭建了良好的国际舞台。

2020ལོའི་ཟླ6པར། པར་ཅིར་གྱི་ལི་ཡུའི་ལུའུ་དང་བར་ཐག་ཉེ་བའི་ཕྱི་མཚོ་རུ། རང་རྒྱལ་གྱིས་འགན་གཙང་ལེན་བྱས་པའིP67དངP70འཛམ་གླིང་རིམ་པའི“མཚོ་ཐོག་སྒྱུམ་ནླངས་བཟོ་གྲྭ”ལས་གཞི་གཉིས་ཀྱིས། གཅིག་སྟུད་ཅན་གྱི་ཚད་གཞི་མཐོ་བ་དང་བཟོ་སྐྲུན་ལས་འཆོར་ཆེ་བ། ལས་གཞིའི་དུས་འཁོར་ཐུང་བ་སོགས་ཀྱི་དཀའ་ངལ་ཁྱད་གསོད་བྱས་ཏེ། སྦྲ་རྗེས་སུ་ལག་རྩལ་གསར་བཅོས་དང་བཟོ་རྩལ་གསར་གཏོད190ལྷག་ལེགས་གྲུབ་བྱས་ནས་རྩིས་སྤྲོད་དང་ཐོན་སྐྱེད་མངོན་འགྱུར་བྱུང་། མཚོ་ཐོག་འཚྭ་ནམ་ཐོན་སྐྱེད་སྒྱུམ་གསོག་སྒྲིག་ཆས(FPSO)སྙིང་དུ་འཕྱུར་བའི་མེ་ལྕེས་རང་རྒྱལ་ནི་རིགས་ཆེ་གྲསFPSOཁྱབ་ཁོངས་སུ་རང་བདག་བཟོ་སྐྲུན་དང་འདུས་གྲུབ་ནུས་པར་རྒྱལ་སྤྱིའི་སྔོན་ཐོན་ཚུ་ཚད་དུ་སླེབས་པ་མཚོན་ཡོད། དེ་ནི་ཀྲུང་གོའི་རྒྱ་མཚོའི་རྗེ་སྒྱུམ་བཟོ་སྐྲུན་བྱ་གཞག་གི་ངོས་ནས་བཤད་ན་ལོ་རྒྱུས་རང་བཞིན་གྱི་དུས་སྐབས་ཤིག་ཡིན།

FPSOནི་དེང་སྐབས་མཚོ་ཐོག་སྒྱུམ་ནླངས་ཞིང་གསར་སྤེལ་བྱེད་པའི་ཐོན་སྐྱེད་སྒྲིག་ཆས་གཙོ་བོ་ཞིག་ཡིན་པས། མཚོ་ཐོག་གི་མ་བཅོས་རྗེ་སྣུམ་གྱི་རང་བྱུང་སོལ་ནླངས་ལ་ལས་སྦྱོན་དང་གསོག་ཉར། ཕྱིར་གཏོང་བཅས་བྱེད་ཐུབ་པ་དང་། དེ་ནི་མི་སྣ་གཞིས་སྡོད་དང་ཐོན་སྐྱེད་བཀོད་འདོམས་མ་ལག་གཞི་གཅིག་ཏུ་འདུས་པའི་ཕྱོགས་བསྡུས་རང་བཞིན་གྱི་མཚོ་ཐོག་སྒྱུམ་ནླངས་ཐོན་སྐྱེད་རྟེན་གཞི་ཆེ་གྲས་ཤིག་ཡིན་པས“མཚོ་ཐོག་སྒྱུམ་ནླངས་བཟོ་གྲྭ”ཞེས་འབོད་པ་ཡིན། རང་རྒྱལ་གྱི་པར་ཅིརFPSOལས་གཞིས་ཀྲུང་པར་རྒྱལ་ཁབ་གཉིས་ཀྱི་ནུས་རྒྱུའི་ཁྱབ་ཁོངས་ཀྱི་འཐབ་རྩུས་མཉམ་ལས་རྒྱ་ཆེར་གཏོང་བར་མཛའ་གྲོགས་ཀྱི་འབྲེལ་ཐམ་བཙུགས་པར་མ་ཟད། ཨ་མེ་རི་ཁ་ལྷོ་མའི་ཚོང་རའི་སྙིང་དུ་རྒྱལ་ཁའི་དང“ཀྲུང་གོའི་བཟོ་སྐྲུན”གྱི་སྤུས་རྟགས་གྲགས་ཅན་གསར་བརྗོད་བྱས་ཡོད་ལ། རང་རྒྱལ་གྱིས་རྩེར་སོན་རྒྱ་མཚོའི་བཟོ་སྐྲུན་འཛུགས་སྐྲུན་དང་རྒྱལ་སྤྱིའི་མཚོ་ཐོག་བཟོ་ལས་ཚོང་ར་གསར་འབྱེད་བྱེད་པར་རྒྱལ་སྤྱིའི་གར་སྟེགས་བཟང་པོ་ཞིག་ཀྱང་བསྐྲུན་ཡོད་དོ། །

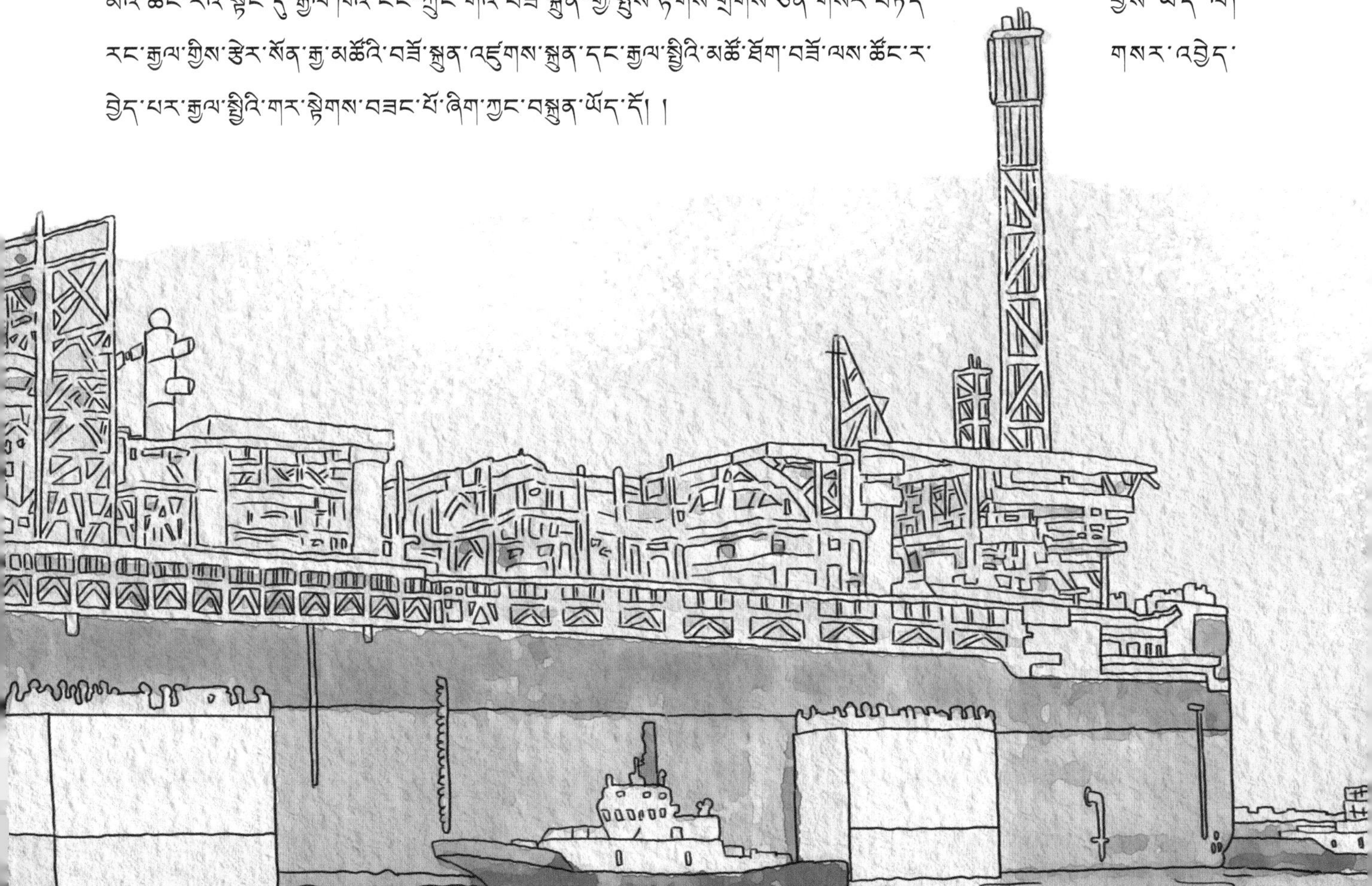

结 语

མཇུག་གི་གཏམ།

掩卷沉思，在一个个令世人瞩目的科技成果背后，是一代又一代科技工作者艰苦付出搭建的厚重基石，他们在攀登科技高峰的艰难旅程中，攻克多项世界级难题，为世界科技进步和人类文明的发展贡献出大国力量，实现了我国科技水平从“跟跑”到“并跑”到部分技术领域“领跑”的突破和跨越，擦亮了令国人骄傲、让世界惊艳的中国载人航天、中国基建、中国高铁、中国北斗、中国电商、中国新能源汽车、中国超算等“国家名片”，彰显出中国精度、中国速度、中国高度。但是，当前新一轮科技革命和产业变革突飞猛进，学科交叉融合不断发展，科学技术和经济社会发展加速渗透融合，在建设世界科技强国的新征程上，如果没有更为强劲的科技后进力量，没有薪火相传、新老交替的脉搏跳动，未来发展的道路便会困难重重。

少年兴则科技兴，少年强则国家强 。千秋作卷，山河为答，“故今日之责任，不在他人，而全在我少年”。青年是国家的希望，是民族的未来，护卫盛世中华，也全在我青年。在应对国际科技竞争、实现高水平科技自立自强、建设世界科技强国开启新征程之际，激发青少年好奇心、想像力、探求欲，培育具备科学家潜质、愿意为科技事业献身的青少年，展现“人人皆可成才、人人尽展其才”的生动局面，是实现中华民族伟大复兴的中国梦之希望所在，也是支撑科技强国建设的核心要素之一。

གླིགས་བམ་ཁ་ཟུམ་སྟེ་ཞིབ་ཏུ་བསམ་བློ་རེར་བཏང་ན། འཛམ་གླིང་སྐྱེ་བོ་ཀུན་གྱིས་དོ་སྣང་བྱེད་པའི་ཚན་རྩལ་གྲུབ་འབྲས་རེ་རེའི་རྒྱབ་ཏུ། རབ་དང་རིམ་པའི་ཚན་རྩལ་ལས་བྱེད་པས་དཀའ་སྤྱད་འབད་བརྩོན་བྱས་ནས་བསྒྲུབ་པའི་མཐུག་ཅིང་ཕྱི་བའི་རྨང་རྡོ་རེ་རེ་ཡོད། ཁོ་ཚོ་ཚན་རྩལ་གྱི་ཡང་རྩེར་འཛེག་པའི་དཀའ་ཚོགས་ཆེ་བའི་འགྲུལ་བཞུད་ཁྲོད་དུ། འཛམ་གླིང་རིམ་པའི་དཀའ་གནད་མང་པོ་སེལ་ཏེ། འཛམ་གླིང་གི་ཚན་རྩལ་ཡར་ཐོན་དང་མིའི་རིགས་ཀྱི་ཤེས་རིག་གོང་དུ་འཕེལ་བར་རང་རེའི་རྒྱལ་ཁབ་ཆེན་པོའི་སྟོབས་ཤུགས་ཕུལ་ཏེ། རང་རྒྱལ་གྱི་ཚན་རྩལ་ཚུ་ཚད་དེ"རྗེས་སུ་རྒྱུག་པ"ནས"མཉམ་དུ་རྒྱུག་པ"དང་ལག་རྩལ་ཁྱབ་ཁོངས་ཁག་ཅིག་གི"སྔོ་ཁྲིད་རྒྱུག་པ"བར་གྱི་ཚད་བརྒལ་དང་མཚོང་སྐྱོད་མངོན་འགྱུར་བྱུང་བ་དང་། རྒྱལ་སྲིད་སྟོབས་པ་བསྐྱེད་པ་དང་འཛམ་གླིང་ཧྲང་སངས་དགོས་པའི"རྒྱལ་ཁབ་ཀྱི་མིང་བྱང"སྟེ་གྲུང་གོའི་མི་བཞུགས་འཛིག་རྟེན་འཕུར་སྐྱོད་དང་། གྲུང་གོའི་རྨང་གཞིའི་སྒྲིག་བཀོད་འཛུགས་སྐྲུན། གྲུང་གོའི་མྱུར་བགྲོད་ལྕགས་ལམ། གྲུང་གོའི་བྱང་སྐར་སྲུན་བདུན། གྲུང་གོའི་གློག་རྩལ་ཚོང་དོན། གྲུང་གོའི་ནུས་རྒྱུ་གསར་བའི་རླངས་འཁོར། གྲུང་གོའི་རིམ་འདས་རྩིས་རྒྱག་སོགས་བྱུང་སྟེ། གྲུང་གོའི་ཞིབ་ཚད་དང་གྲུང་གོའི་མྱུར་ཚད། གྲུང་གོའི་མཐོ་ཚད་བཅས་མངོན་པར་མཚོན་ཡོད། འོན་ཀྱང་མིག་སྔར་གྱི་རིམ་པ་གསར་བའི་ཚན་རྩལ་གསར་བརྗེ་དང་ཐོན་ལས་འཕོ་འགྱུར་བྱ་འཕུར་བ་ལྟར་གོང་དུ་འཕེལ་བཞིན་ཡོད་པ་དང་། རིག་གཞུང་ཚན་ཁག་བསྡོལ་བསྡེབས་མཉམ་འདྲེས་ཟམ་མི་ཆད་པར་འཕེལ་རྒྱས་སུ་འགྲོ་བ། ཚན་རིག་ལག་རྩལ་དང་དཔལ་འབྱོར་སྤྱི་ཚོགས་འཕེལ་རྒྱས་ཀྱི་མཉམ་འདྲེས་ཇེ་མགྱོགས་སུ་སོང་བའི་སྐབས་ཀྱིས། འཛམ་གླིང་གི་ཚན་རྩལ་སྟོབས་ལྡན་རྒྱལ་ཁབ་འཛུགས་སྐྲུན་བྱེད་པའི་རྒྱང་སྐྱོད་ཀྱི་ལམ་བུ་གསར་བའི་སྟེང་དུ། གལ་ཏེ་ཚན་རྩལ་གྱི་རྗེས་སྐྱོད་སྟོབས་ཤུགས་སྟོར་བས་ཆེན་པོ་མེད་པ་དང་། ཤིང་ཟད་མེ་བརྒྱུད་དང་རྙིང་ཚབ་གསར་མཐུད་ཀྱི་འཕར་རྩ་འགྲུལ་རྒྱུར་མེད་ཚེ། འབྱུང་འགྱུར་འཕེལ་རྒྱས་ཀྱི་ལམ་བུར་དཀའ་ངལ་མང་པོ་འཕྲད་སྲིད་ངེས།

ཇི་སྐད་དུ། ན་ཆུང་དར་ན་ཚན་རྩལ་དར། ན་ཆུང་སྟོབས་ན་རྒྱལ་ཁབ་སྟོབས་ཞེས་དང་། ལོ་ངོ་སྟོང་ཕྲག་རིང་དུ་བྲིས་པའི་རི་མོ། དོན་གྱི་བརྗོད་བྱར་རི་དང་གཙང་པོ་ཡིན་ཞེས་དང་། "དེར་བརྟེན་དེ་རིང་གི་འགན་འཁྲི་ནི་མི་གཞན་ལ་མེད། ངེད་ན་གཞོན་ཡོངས་ལ་ཡོད"ཅེས་པ་བཞིན། ན་གཞོན་ནི་རྒྱལ་ཁབ་ཀྱི་རེ་བ་ཡིན་པ་དང་། མི་རིགས་ཀྱི་མ་འོངས་པ་ཡིན་པས། བསྐལ་བཟང་དུས་ཀྱི་གྲུང་ཧྭ་སྲུང་སྐྱོང་བྱ་རྒྱུ་དེའང་ང་ཚོའི་ན་གཞོན་འགན་དུ་བབས་ཡོད། དེ་ཡང་རྒྱལ་སྤྱིའི་ཚན་རྩལ་འགྲན་རྩོད་ལ་ཁ་གཏད་འཛེལ་བ་དང་། ཆུ་ཚད་མཐོ་བའི་ཚན་རྩལ་རང་ཚུགས་རང་སྟོབས་མངོན་འགྱུར་བྱུང་བ། འཛམ་གླིང་གི་ཚན་རྩལ་སྟོབས་ལྡན་རྒྱལ་ཁབ་འཛུགས་སྐྲུན་བཅས་ཀྱི་རྒྱང་སྐྱོད་ལམ་བུ་གསར་བ་འབྱེད་པའི་དུས་སུ། གཞོན་ནུ་ལོ་ཆུང་རྣམས་ཀྱི་ཁྱད་མཚར་བོའི་སྣང་བ་དང་། བསམ་པའི་བཀོད་ཤུགས། འཚོལ་ཞིབ་འདོད་པ་བཅས་སྐྱུལ་སློང་བྱས་ཏེ། ཚན་རིག་པའི་མི་མངོན་པའི་ནུས་པ་ལྡན་པ་དང་ཚན་རྩལ་བྱ་གཞག་གི་ཆེད་དུ་ནུས་ཤུགས་གང་ཡོད་འདོན་པའི་གཞོན་ནུ་ལོ་ཆུང་སྐྱེད་སྲིང་བྱེད་པ། "མི་ཚང་མ་ཤེས་ལྡན་པར་འགྱུར་ཐུབ་པ་དང་མི་ཚང་མས་རང་ཉིད་ཀྱི་འཛོན་ཐང་འདོན་ཐུབ་པའི"གསོན་ཉམས་ལྡན་པའི་རྣམ་པ་མངོན་པ་བྱ་རྒྱུ་དེ་ནི་གྲུང་ཧྭ་མི་རིགས་རླབས་ཆེན་བསྐྱར་དར་གྱི་གྲུང་གོའི་ཕྱུགས་འདུན་མངོན་འགྱུར་བྱེད་པའི་རེ་བ་ཡིན་ལ། ཚན་རྩལ་སྟོབས་ལྡན་རྒྱལ་ཁབ་འཛུགས་སྐྲུན་ལ་འདེགས་སྐྱོར་བྱེད་པའི་རྩ་བའི་རྒྱུ་རྐྱེན་གཙོ་བོའི་གྲས་ཤིག་ཀྱང་ཡིན་ནོ། །

孩子们，我们下一辑再见啦

བྱིས་པ་ཚོ། ང་ཚོ་དེབ་ཕྱིང་རྗེས་མར་མཇལ་ཡོང་།